浙江省废弃矿山生态修复技术指南

Zhejiangsheng Feiqi Kuangshan

Shengtai Xiufu Jishu Zhinan

浙江省地质院　编著

测绘出版社

·北京·

内容简介

本指南以习近平新时代中国特色社会主义思想为指导,深入贯彻落实习近平生态文明思想,深刻践行"绿水青山就是金山银山"、山水林田湖草生命共同体理念,旨在指导和规范浙江省废弃矿山生态修复工作。本指南由适用范围、引用文件、术语和定义、基本原则、工作内容与流程、可行性研究、工程勘查、工程设计、工程施工、工程监理、工程验收、项目监管、重点生态修复分项工程技术与要求以及附录组成。在参考本指南时,还应符合国家现行有关标准和规范的规定。

本指南适用于浙江省内从事露天矿山开采活动结束后的矿山生态修复工作的从业人员,其他矿山开采活动结束后的生态修复可参照执行。本指南也可为其他省市相关工作及业内专业人员提供参考。

图书在版编目(CIP)数据

浙江省废弃矿山生态修复技术指南 / 浙江省地质院
编著. -- 北京 : 测绘出版社,2023.11
　　ISBN 978-7-5030-4489-2

　　Ⅰ. ①浙… Ⅱ. ①浙… Ⅲ. ①矿山环境－生态恢复－
浙江－指南 Ⅳ. ①X322.255-62

　　中国国家版本馆 CIP 数据核字(2023)第 208569 号

责任编辑	陈西娅	封面设计	李　伟	责任印制	陈姝颖
出版发行	测绘出版社	电　话	010－68580735(发行部)		
地　址	北京市西城区三里河路 50 号		010－68531363(编辑部)		
邮政编码	100045	网　址	https://chs.sinomaps.com		
电子邮箱	smp@sinomaps.com	经　销	新华书店		
成品规格	210mm×297mm	印　刷	北京建筑工业印刷有限公司		
印　张	3.25	字　数	104 千字		
版　次	2023 年 11 月第 1 版	印　次	2023 年 11 月第 1 次印刷		
印　数	0001－1800	定　价	46.00 元		
书　号	ISBN 978-7-5030-4489-2				

本书如有印装质量问题,请与我社发行部联系调换。

《浙江省废弃矿山生态修复技术指南》
编著委员会

主　编　赵立云　周建伟

副主编　梅宗明　郑晓明　孙昌一　王　莹

委　员　褚先尧　付立冬　刘楠楠　王兴杰　牛鹏博　郑永康

陈　跃　傅嘉伟　孙　敏　陈海良　陈　琦　冯海波

熊瑞民　苏丹辉　陈文光　徐礼根　简中华　王在松

汪　平　李杰三　张志其　汪雄平　肖峰玲　卢剑锋

张曙阳　李校恩　张军勇

目　　次

前　言

　　为深入贯彻党中央、国务院和浙江省委省政府关于生态文明建设的总体要求和决策部署,指导和规范浙江省废弃矿山生态修复工程实施,提升废弃矿山生态修复工程实施的科学性、整体性、系统性,提高废弃矿山生态修复成效,在总结矿山生态修复工程实践经验和吸收相关行业规范成果的基础上,编制本指南。

　　本指南旨在指导和规范浙江省废弃矿山生态修复工作,由适用范围、引用文件、术语和定义、基本原则、工作内容与流程、可行性研究、工程勘查、工程设计、工程施工、工程监理、工程验收、项目监管、重点生态修复分项工程技术与要求以及附录组成。

　　浙江省废弃矿山生态修复工程勘查、设计、施工、监理、验收应在科学合理、提高质量和效率的基础上,尽量采用新技术、新设备、新工艺和新材料。在参考本指南时,还应符合国家现行有关标准和规范的规定。

　　本指南的编写体例参照了 GB/T 1.1—2020《标准化工作导则　第 1 部分:标准化文件的结构和起草规则》的规定,略有不同。本指南所指矿山均为浙江省废弃矿山。

1 适用范围

本指南主要适用于浙江省露天矿山开采活动结束后的矿山生态修复,其他矿山开采活动结束后的生态修复可参照执行。

本指南规定了废弃矿山生态修复的基本原则、主要内容与要求、工作程序与流程、项目监管、重点生态修复分项工程技术与要求等方面内容,涵盖废弃矿山生态修复可行性研究、工程勘查、工程设计、工程施工、工程监理、工程验收、项目监管等环节的主要内容,以及废弃矿山边坡整治与加固、土地整治、植被重建与监测维护等关键技术与要求。

2 引用文件

下列文件对于本文件的应用是必不可少的。凡是注日期的引用文件,仅所注日期的版本适用于本文件。凡是不注日期的引用文件,其最新版本(包括所有的修改单)适用于本文件。

GB 3838　地表水环境质量标准

GB 50021　岩土工程勘察规范

GB 50288　灌溉与排水工程设计标准

GB 50330　建筑边坡工程技术规范

GB 50433—2018　生产建设项目水土保持技术标准

GB 51018—2014　水土保持工程设计规范

GB/T 18920　城市污水再生利用 城市杂用水水质

GB/T 32864　滑坡防治工程勘查规范

GB/T 38360　裸露坡面植被恢复技术规范

GB/T 38509　滑坡防治设计规范

GB/T 50085　喷灌工程技术规范

GB/T 50363　节水灌溉工程技术标准

GB/T 50485　微灌工程技术标准

CJJ/T 287　园林绿化养护标准

DZ/T 0220　泥石流灾害防治工程勘查规范

DZ/T 0221　崩塌、滑坡、泥石流监测规范

DZ/T 0223—2011　矿山地质环境保护与恢复治理方案编制规范

DZ/T 0287　矿山地质环境监测技术规程

HJ 91.2　地表水环境质量监测技术规范

HJ 91.1　污水监测技术规范

HJ 164　地下水环境监测技术规范

HJ/T 166　土壤环境监测技术规范

LY/T 2356　矿山废弃地植被恢复技术规程

TD/T 1012　土地整治项目规划设计规范

TD/T 1013　土地整治项目验收规程

TD/T 1036　土地复垦质量控制标准

TD/T 1041　土地整治工程质量检验与评定规程

TD/T 1042　土地整治工程施工监理规范

DB33/T 881　地质灾害危险性评估规范

    DB33/T 1136 建筑地基基础设计规范
    DBJ33/T 1104 建设工程监理工作标准
    CECS 238 工程地质测绘标准
    T/CAGHP 011 崩塌防治工程勘查规范(试行)
    T/CAGHP 021 泥石流防治工程设计规范(试行)
    T/CAGHP 055 滑坡崩塌防治削方减载工程设计规范(试行)
    T/CAGHP 056 滑坡防治回填压脚治理工程设计规范(试行)
    T/CAGHP 060 地质灾害拦石墙工程设计规范(试行)
    T/CAGHP 061 泥石流防治工程施工技术规范(试行)

3 术语和定义

下列术语和定义适用于本指南。

3.1
废弃矿山
指现状已废弃且今后不再实施采矿活动的矿山。

3.2
废弃矿山生态修复
指依靠生态系统的自我调节与自组织能力,或者依靠人工措施等外界力量,使因矿产开发而受损的废弃矿山的局部生态系统得到恢复、重建的过程与行为。

3.3
自然恢复
指对生态系统停止人为干扰,或进行少量的人工管护,主要依靠生态系统的自我调节和自组织能力使其向有序的方向开始自然演替和更新恢复。

3.4
辅助再生
指充分利用生态系统的自我恢复能力,通过人工辅助措施,促进因前期人类活动影响或因自然灾害而退化、受损的生态系统逐步进入良性循环而得以修复。

3.5
生态重建
指主要通过工程措施进行地形地貌整治、土壤重构、植被重建等,并借助自然力使生态系统进入良性循环的过程。

3.6
边坡整治
指通过一定的工程活动,消除边坡不稳定因素,并使边坡的形态与环境协调,有利后期绿化作业。

3.7
土地整治
指通过采取土地整理、污染防治、土壤重构等适宜措施,对压占、损毁、污染的土地进行综合治理和改造,使其恢复到可供利用状态的活动。

3.8
植被重建
指以构建植被群落为出发点,通过理化、生态或工程技术方法,修复因灾害和人类活动而受损或被破坏的植被。

3.9

生态修复工程监测

指借助于人工和专用设备，对生态修复工程的过程、状况及生态修复效果的动态监测活动。

4 基本原则、工作内容与流程

4.1 基本原则

4.1.1 系统性原则

统筹考虑废弃矿山所处区域生态功能以及各生态要素相互依存、相互影响、相互制约等特点，遵循自然规律，统筹兼顾，系统设计，最大限度地减少对生态环境的再次扰动，防止对生态系统造成新的破坏或导致逆向生态演替。

4.1.2 适宜性原则

充分考虑废弃矿山自身条件，包括区内土地利用现状和开发潜力、土壤环境质量状况、水资源平衡状况、地质环境安全和生态保护修复适宜性等，兼顾后续资源开发利用、产业发展等需求，并与当地国土空间规划和社会经济发展目标充分衔接，因地制宜，合理选择修复模式和修复技术，达到适宜性和综合效益最大化。

4.1.3 科学性原则

充分做好废弃矿山所在区域地质环境背景条件和相关生态环境问题的调查工作，综合考虑废弃矿山生态修复的主导因子和限制因子，采取科学、合理、实用、有效的技术方案和措施。充分重视生态系统的自组织能力，正确把握自然恢复与工程修复之间的关系，在实现修复目标的前提下，尽量采取基于自然的理念和技术措施以充分发挥生态系统的自我修复能力。

4.1.4 污染先行治理原则

露天开采废弃矿山生态修复的前提是矿区污染得到治理并消除，矿区污染防治实行预防为先、防治结合、综合治理，严格控制各种污染物进入土壤、含水层及河流湖泊，已经产生污染的要先进行污染治理和场地修复，再实施其他生态修复工程。

4.1.5 安全与稳定原则

露天开采废弃矿山生态修复的前提是矿区安全、边坡稳定、无安全隐患，重建后的植被也要有利于维护边坡和场地的安全与稳定。

4.2 工作内容与流程

废弃矿山生态修复工作主要内容包括：可行性研究、工程勘查、工程设计、工程施工、工程监理、项目监管、工程验收。工作流程见图1。

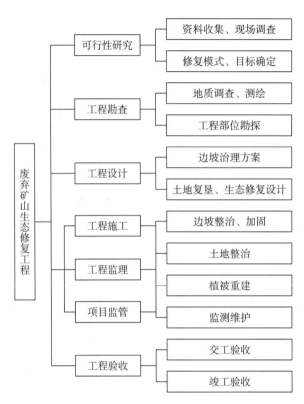

图 1　废弃矿山生态修复工作流程略图

5　可行性研究

5.1　资料收集和现场调查

5.1.1　资料收集

收集的资料包括区域规划、生态功能定位、生态保护红线、重要生态敏感区、自然保护地、经济发展、人口状况、自然地理、地质条件、气象水文、土壤植被、主要人类活动等基础背景资料，以及矿山基本情况、矿区地质环境背景、土地利用状况和已实施的矿区生态修复工程等资料。

5.1.2　地质环境调查

矿山地质环境调查的比例尺不得小于1∶2 000,有重大影响的矿山地质环境问题,调查的比例尺一般不得小于1∶1 000。调查内容主要包括矿区地质环境条件和地质环境问题。调查方式可按照《矿山地质环境保护与恢复治理方案编制规范》(DZ/T 0223—2011)附录J中表J.1矿山地质环境现状调查表进行填表调查。具体包括以下调查内容。

 a) 废弃矿山概况:矿山名称、位置、范围、分布;矿山开采及闭矿废弃历史和现状;开采方式(方法)、开采顺序;矿区社会经济概况、基础设施分布等。

 b) 地质环境条件:包括微地貌、地层岩性、地质构造、水文地质、工程地质对周围环境的影响等。

 c) 矿山地质环境问题:采矿活动对边坡稳定性的影响程度,对地形地貌景观、地质遗迹、人文景观等的影响和破坏情况;矿区含水层被破坏的范围、规模、程度和影响等;土地资源损毁情况,包括压占和损毁的土地类型、面积、场地稳定性等。

 d) 采矿活动对主要交通干线、水利工程、村庄、工矿企业及其他各类建(构)筑物等的影响与破坏情况。

5.1.3 生态状况调查

调查内容应涵盖与矿区生态系统相关的植被状况、岩土类型和理化性质、生物多样性、周边原始及矿区残留植被特征等,选择未受人类活动干扰而发生退化和破坏的本地生态系统作为背景参照生态系统,开展紧邻矿区斜坡上的原始植被样方调查。样方调查方法见附录A。

5.2 确定生态修复模式和方向

5.2.1 生态修复模式

统筹考虑废弃矿山生态修复区的气候条件、场地条件、生态问题复杂程度和技术经济可行性等因素,确定生态修复模式。

在充分收集相关资料并进行场地调查的基础上,将废弃矿山生态问题与自然生态状况进行对比,分析废弃矿山生态问题的分布、规模、特征、严重程度等,在对废弃矿山生态问题识别的基础上进行综合论证,确定废弃矿山生态修复模式。

生态修复模式包括:自然恢复、辅助再生和生态重建。选择修复模式时,要首先坚持因地制宜、保护优先、自然恢复为主的基本方针,在保证修复效果的前提下尽量发挥生态系统的自我修复能力。

a) 自然恢复,例如,可采取封山育林、山区土质斜坡植被恢复等方式。主要适用于以下类型的废弃矿山:

1) 场地无安全隐患或局部存在安全隐患但无直接威胁对象;

2) 无重金属污染物或其他有毒有害物质;

3) 矿山所在区域的气候条件(降水量)适合植被生长;

4) 场地边坡的地形坡度不易发生水土流失,表层土壤能够维持一定数量的植被生长;

5) 周边植被生长较好,自然恢复趋势明显等。

b) 辅助再生,主要适用于以下类型的废弃矿山:

1) 场地存在一定的安全隐患,地质稳定性较差,进行生态修复之前需要加强对场地内边坡的治理,消除安全隐患;

2) 区域气候条件适合植被生长,但场地的地形坡度易造成水土流失,表层土壤覆盖稀少或土壤肥力较低,不适合植被生长,需要通过人工干预进行边坡整治和植被种植。

c) 生态重建,主要适用于原采矿活动严重改变了矿区环境,必须通过工程活动方能构建新的稳定生态系统的情况。适用于以下情形:

1) 废弃矿山位于"三区两线"(省级以上自然保护区,省级以上风景名胜区,县级以上城市规划区等重要居民集中区周边;高速公路、高速铁路、国道、省道等重要交通干线和海岸线直观可视范围)内,与周围景观极不协调;

2) 场地存在重大安全隐患,严重影响工农业生产和人民生命财产安全,需采取防治措施消除隐患;

3) 区域气候条件和场地立地条件很难依靠自然恢复和辅助再生恢复植被、改善矿区生态,必须采取切实有效的工程治理修复措施才能达到生态修复的目的。

5.2.2 生态修复方向

充分利用矿山生态修复综合调查资料,按照"宜农则农、宜林则林、宜建则建、宜工则工"原则,结合区域规划定位、当地社会经济发展需求及废弃矿山自身条件,兼顾环境、经济、社会效益,因地制宜、分类施策,确定废弃矿山生态修复方向。废弃矿山生态修复方向主要有:生态恢复型、土地利用型、景观再造型。

    a) 生态恢复型:包括修复成湿地、水塘、草地、林地等,以净化空气、调节气候、涵养水源、蓄洪防旱、保护生物多样性、防止水土流失、提升人居环境质量等生态功能为主的类型。

    b) 土地利用型:将废弃矿山内废弃地人为修复并改造成可开发利用的土地资源,以实现土地资源价值为主,例如改造成农用地、建设用地或养殖基地等。

    c) 景观再造型:结合区域特色,改造形成各具特色的景观,例如植物园、休闲娱乐园、露天博物馆、矿山公园、城郊公园、石景公园或供休闲旅游的风景区,也可开辟为攀岩、蹦极、水上运动、陆上运动等运动场所。

5.3 编制评估报告、可行性研究报告

5.3.1 确定为自然恢复的矿山应编写废弃矿山自然恢复调查评估报告,格式和内容见附录 B;对不适合自然恢复的矿山,应按要求编制生态修复设计方案,开展生态修复治理工作。

5.3.2 确定为辅助再生和生态重建的矿山,视具体工作情况,编制生态修复可行性研究报告。

5.3.3 可行性研究报告的主要内容应包括前言、废弃矿山概况、总体定位与修复目标、废弃矿山生态修复工程、投资估算与进度安排、保障措施与效益分析等。其中废弃矿山生态修复工程应说明工程的可行性、主要工程技术措施与工程量、工作部署。

5.3.4 可行性研究报告的名称通常为《××废弃矿山生态修复工程可行性研究报告》,格式和内容见附录 C。

6 工程勘查

6.1 基本要求

6.1.1 废弃矿山生态修复工程设计和实施前,应结合场地地质环境背景条件、生态环境问题和预期土地利用目标开展工程勘查工作。

6.1.2 工程勘查目的:查明勘查区地形地貌、工程地质、水文地质等地质环境条件,调查土地损毁程度与周边边坡植被现状,查明堆渣体的分布范围和厚度、土壤类型、土壤分布厚度、植物类型等。进行场地稳定性分析,提出废弃矿山治理与治理修复工程的措施建议。

6.2 技术要求

6.2.1 废弃矿山生态修复工程勘查采用一次性勘查方式,不分阶段,精度应满足施工图设计的要求。当地质环境复杂或变更设计方案时应开展相应的补充勘查。

6.2.2 岩质边坡岩体稳定性分类应根据岩体主要结构面与坡向的关系、结构面倾角、结合程度及岩体完整程度等因素进行,见附录 D。

6.2.3 工程勘查手段应以工程地质调查与测绘为主,以勘探为辅;高陡边坡宜采用无人机测量、三维激光扫描等新技术新方法;地质测绘可参照《工程地质测绘标准》(CECS 238),主要要求如下。

    a) 地质测绘范围应包括废弃矿山工程活动区及其影响区、主控因素影响区及适宜程度外扩的天然背景条件区。

    b) 地质测绘一般比例尺为 1:500、1:1 000。针对矿山地质环境问题及拟建工程部位可开展1:200～1:500 大比例尺地质测绘。

    c) 地质测绘的规定如下。

        1) 地质平面图突出标注矿山生态环境问题、致灾地质体的基本要素及变形迹象,将图上宽度大于 2 mm 的地质现象描绘到地质图上。对于重要矿山生态环境问题宜扩大比例尺表示,线状要素可扩大到 1 mm 宽度表示,等轴状要素可扩大到 2 mm 表示,并标注实际

数据。

  2) 地质测绘的点、线满足控制矿山生态环境问题的基本要素及变形特征。

  3) 地质测绘的每个地质点均做好原始记录,典型地质点附有平、剖面素描示意图或照片等。

6.2.4 勘查线应垂直于边坡走向或主要结构面(特别是软弱结构面),综合考虑待查明的不良地质现象或堆渣分布区域进行布置。

6.2.5 按照 6.1.2 的要求,场地确实需要开展钻探、物探和测试分析时,可参照《岩土工程勘察规范》(GB 50021),勘探深度应穿过目标体至稳定基岩层内 3～5 m。

6.2.6 损毁土地与生态状况现状调查的内容如下。

  a) 损毁土地调查内容:查明矿区土地类型,查明矿山开采活动(开采场、废石堆场、各类建构筑物及道路等)引起的土地资源占压与破坏的类型、位置、范围、损毁程度等。

  b) 生态状况调查内容:主要调查治理区周边的植被生长情况,未开展样方调查的,可参照附录 A 要求进行调查。

6.2.7 工程勘查应获取以下资料。

  a) 地形及微地貌特征。

  b) 采场的位置、深度、大小、地层岩性和主控结构面等。

  c) 开采面的位置、范围、高度、坡度、岩性和主控结构面等。

  d) 废弃物的种类、来源、位置、范围、高度、坡度、物质组成和密实程度等,废弃物堆(场)的数量及其压占土地、破坏植被或致灾的可能性等。

  e) 地质环境条件及相关岩土体结构和物理力学性质参数。

  f) 边坡的结构类型、组成、可能失稳变形的模式、影响范围、危害对象及危害程度等。

  g) 边坡的稳定性、发展趋势,可能的防治措施。

  h) 土地损毁的类型、面积,复垦的可能性、类型和范围等。

  i) 受损的植被种类和范围等。

6.2.8 当矿区场地存在崩塌、滑坡、泥石流等地质灾害时,需要开展地质环境专项勘查。

  a) 崩塌勘查:主要任务是查明勘查区地质环境条件,查明崩塌(危岩体)的类型、规模、范围,查明岩体结构类型,裂缝和结构面的产状、组合与交切关系、闭合程度、力学属性等工程地质特征;分析崩塌原因,评价崩塌(危岩体)的稳定性及发展趋势,提供有关治理防护工程设计所需的地质资料和有关计算参数。具体要求参见《崩塌防治工程勘查规范(试行)》(T/CAGHP 011)。

  b) 滑坡勘查:主要任务是查明滑坡的空间形态、规模、物质组成、结构特征、成因,分析稳定性;查明滑坡岩土体特征、滑动面特征、滑体物理力学性质指标,提供计算参数;通过稳定性评价和计算,评价滑坡整体稳定性,分析滑坡发展趋势等;提出合理可行的防治工程方案建议。具体要求参见《滑坡防治工程勘查规范》(GB/T 32864)。

  c) 泥石流勘查:泥石流勘查方法一般以工程地质测绘和调查为主,辅以适量的钻探和测试手段,主要查明泥石流形成区、流通区和堆积区的地质环境特征,通过综合分析,评价泥石流的类型、规模、发育阶段、活动规律、易发程度等,并提出预防和治理措施建议。具体要求参见《泥石流灾害防治工程勘查规范》(DZ/T 0220)。

6.2.9 勘查工作完成后,应提出岩土体力学性质参数,提出方法见附录 E。

6.2.10 边坡稳定性分析的步骤和内容如下。

  a) 首先应根据边坡坡形(走向)及边坡岩土体特征对矿山边坡分段,再对每段边坡进行稳定性分析。

  b) 受结构面控制的岩石边坡,可根据边坡形态、结构面组合、岩土体结构特征进行地质类比和赤平投影定性分析。

  c) 当计算沿结构面滑移的稳定性时,可根据结构面形态,采用平面或折线形滑面。计算土质边坡、破碎岩石边坡、极软岩边坡稳定性时,可采用圆弧形滑面。

d) 边坡稳定性级别分为稳定、基本稳定、欠稳定和不稳定四种。

6.3 工程勘查报告编制

6.3.1 工程勘查报告的编写应充分考虑废弃矿山生态修复的模式、方向和目标,参照可行性研究报告或实施方案中拟定的主要技术手段和修复工程类型。

6.3.2 工程勘查报告应详细说明岩土体性质和边坡稳定性评价,给出合理的工程设计建议。

6.3.3 工程勘查报告附件材料应包括平面图(含地形)、边坡剖面图、钻孔柱状图、边坡稳定性计算书等。

6.3.4 工程勘查报告的格式和内容见附录F。

7 工程设计

7.1 基本要求

7.1.1 工程设计必须按照国家政策及现行规范等要求进行。

7.1.2 工程设计应综合考虑废弃矿山的自然地理条件、地质环境条件、生态问题复杂程度和技术经济可行性等因素,在前期可行性研究报告或实施方案的基础上,依据工程勘查报告的参数、指标和相关建议有针对性地开展,优先消除场地安全隐患,再根据不同场地的生态修复方向和模式,确定适宜的生态修复措施和技术。

7.2 工程设计内容

7.2.1 工程设计应根据场地条件、相关技术标准和修复目标采取适宜的工程措施。对地形地貌景观破坏、土地资源占用和损毁等地质环境问题,结合区域现状特征,提出与周边环境协调、合理可行的设计方案,编制施工设计书及设计图册。

7.2.2 工程设计包括以下专项设计内容:边坡整治加固工程设计、土地复垦工程设计、复绿工程设计、灌溉排水工程设计、道路工程设计、景观工程设计等。

7.2.3 工程设计的主要内容如下:

a) 对应各项问题的工程措施选择和部署;

b) 技术要求、工艺要求、质量要求;

c) 工程材料的数量、质量,植物品种要求;

d) 机械设备的数量、性能要求;

e) 工程进度安排,安全生产,环境保护的要求;

f) 工程量及经费概算;

g) 工程平面图、剖面图、断面图,重点工程设计大样图,治理效果图等主要图件;

h) 工程量表、工程概算表、重要事项说明表等主要附表。

7.3 工程设计方案编制

7.3.1 工程设计方案包括前言、工程概况、设计依据和原则、目标任务、工程设计、工程量、工程部署、工程进度、工程概算、施工组织管理、结论与建议等内容。设计书应包括文本、附图和附表。

7.3.2 工程设计方案应明确边坡整治、土地整治、植被重建和后期生态修复监测维护、生态修复的技术方法、工作部署、施工设计、工作量等内容。

7.3.3 单独编制工程设计方案时,其提纲见附录G;也可根据项目安排情况,与勘查报告合并编制。

7.3.4 工程设计方案应组织专家进行论证通过。

8 工程施工

8.1 基本要求

施工单位(或建设单位)应及时到县级自然资源主管部门备案。

8.2 施工准备

8.2.1 施工前要进行现场踏勘、技术交底、编制施工组织设计和开展专项施工方案编制、工程材料准备、施工工艺方法试验、开工资料编制及报验、人员培训等工作。

8.2.2 施工组织设计应包括以下内容:工程概况、施工部署及施工方案、现场布置、劳动力及材料供应计划、施工机械设备选用、施工进度计划、现场重要工程管理措施、保障措施、安全生产与文明施工措施、环境保护与成本控制措施,以及其他约定的事项等。

8.2.3 技术交底工作内容如下。

   a) 设计交底。在实施单位主持下,设计单位向施工单位进行的技术交底,主要交代设计工程功能与特点、设计意图与要求、质量控制、工程在施工过程中应注意的事项等。设计单位对施工单位(或建设单位)提出的问题进行解释答疑,并提出相应解决方案。

   b) 施工交底。鉴于废弃矿山生态修复工程的特殊性和复杂性,在项目经理和技术负责人的指导下,施工单位组织,向施工人员介绍施工中可能遇到的问题与注意事项。

8.2.4 施工单位应配备满足项目施工需要的管理机构人员和施工机械设备。

8.3 施工组织和要求

8.3.1 施工单位应依据施工组织设计开展施工作业,按照工程设计施工图、施工技术方案和有关标准规范要求组织施工。施工过程中设计方案需变更时,应五方(勘查、设计、施工、监理、建设单位)协商确认。

8.3.2 关键性隐蔽工程在施工隐蔽前,应五方(勘查、设计、施工、监理、建设单位)现场验收确认,其他隐蔽工程由监理单位现场验收确认。

8.3.3 具体施工工艺和技术质量控制可根据具体项目分别参考《建筑边坡工程技术规范》(GB 50330)、《裸露坡面植被恢复技术规范》(GB/T 38360)、《土地复垦质量控制标准》(TD/T 1036)等规范和标准执行。

9 工程监理

9.1 基本要求

9.1.1 根据监理规范及有关法律法规的要求,废弃矿山生态修复工程监理工作应包括施工、养护和监测全过程的监理。

9.1.2 监理单位应在施工现场设置项目监理机构,监理机构人员的专业配套、数量应满足废弃矿山生态修复工程监理工作的需要。在监理合同约定的时间内将主要监理人员派驻到监理施工现场,派驻人员及相关职责分工应以公文形式上报建设单位,并通知施工单位。

9.2 监理准备

9.2.1 依据监理合同约定,进场后按时组建监理项目部,配置专业监理人员,进行岗前培训。监理项目部的组织形式和规模应有利于施工管理和目标控制,有利于监理决策和信息沟通,有利于监理职能的发挥和人员的分工协作,符合专业、高效的原则。

9.2.2 依据监理合同约定,根据工程项目特点、规模、专业种类、技术复杂程度及工程项目所在地工程地质与环境条件等,应配置监理项目部开展监理活动所必需的监理设施。

9.2.3 监理单位应按事前控制和主动控制的原则及要求,依据工作内容制定具体的监理工作程序,注重监理效果,明确工作内容、行为主体、考核标准和工作时限,建立监理工作制度。

9.2.4 监理人员应熟悉工程勘查设计文件,了解工程设计特点、施工区工程地质条件、工程关键部位的质量要求。对勘查、设计文件存在的施工困难、影响工程质量及图纸错误等问题,通过建设单位向勘查、设计单位提出书面意见和建议。

9.3 监理组织和实施

9.3.1 监理单位应根据工程监理合同约定,分析影响工程质量、造价、进度控制和安全生产管理的因素及其影响程度,遵循动态控制原理,坚持预防为主原则,制定和实施相应的监理组织技术措施,采用旁站、巡视、跟踪检测和平行检验等方式对工程实施监理。

9.3.2 监理单位应定期召开监理例会,组织有关单位研究和解决与监理相关的问题。根据工程需要,主持或参加专题会议,解决监理工作范围内的工程专项问题。监理例会及由监理项目部主持召开的专题会议的会议记录,应由监理项目部负责整理,与会各方代表应会签并留存。会议记录内容包括会议主要议题、会议内容、与会单位、参加人员及召开时间等。

9.3.3 监理项目部应依据工程监理合同约定进行施工合同管理,处理工程暂停、复工、变更、索赔及施工合同争议、解除等事宜。施工合同终止时,监理项目部应协助建设单位按施工合同的约定处理施工合同终止有关事宜。

9.3.4 监理项目部应依据有关规定或工程施工合同的约定,监督施工单位完成施工场地的清理,做好环境保护与恢复工作。

9.3.5 监理工作具体按照《建设工程监理工作标准》(DBJ33/T 1104)执行。

10 工程验收

10.1 基本要求

10.1.1 生态修复工程的验收应分为交工验收和竣工验收两个阶段。交工验收在工程完工且自检合格后进行,竣工验收在交工验收合格两年后进行。

10.1.2 交工验收、竣工验收应由县级自然资源主管部门组织相关单位和专家进行实地验收。

10.1.3 生态修复工程各阶段资料应做好归档工作,并制作归档资料清单(见附录 H),确保资料完整齐全。

10.1.4 工程验收应由施工单位编制验收报告,设计单位编制设计总结,监理单位编制监理总结。

10.2 交工验收

10.2.1 在生态修复工程完工、植被复绿初见成效后,由县级自然资源主管部门组织相关单位和专家,按照项目设计方案及相关规范要求进行交工验收,提出交工验收意见和整改要求。

10.2.2 需提交的主要材料如下:

    a) 勘查设计报告;

    b) 中标通知书及合同,施工单位相应的资质证书;

    c) 开工报告,施工组织设计,施工日志,分部(分项)工程质量验收记录、隐蔽工程验收记录等各类施工原始记录表;

d) 施工质量评定及验收评定表、原材料合格证、质保单、试验报告、检测报告;

e) 其他必须提供的有关文件、资料,如设计变更资料、会议记录、施工总结报告、竣工图、施工影像图片等。

10.2.3 验收要求:依据项目设计文件,在项目现场实地核对、检查各分部(分项)工程完成情况,施工质量应符合设计的要求。对验收合格的,出具相应的交工验收意见书;对验收不合格的,出具体整改意见,待整改完成后,再次组织验收。

10.2.4 验收主要内容:各分部(分项)工程和隐蔽工程施工情况,工程质量与场地稳定性,边坡绿化基质状况,苗期养护及植被生长状况,植被覆盖率,苗木成活率,施工资料的完整性和合规性,矿区生态修复后与周边自然环境的和谐、协调程度等。

10.3 竣工验收

10.3.1 在交工验收通过后,对生态修复场地、植被继续进行养护监测,并按交工验收意见进行整改,自交工验收满两年后进行竣工验收。竣工验收由县级自然资源主管部门组织相关单位及技术专家进行,提出竣工验收意见和整改要求。

10.3.2 应提交的主要材料:除交工验收时提交的资料外,还应提交场地监测巡查资料、养护期施工记录、整改完成情况、影像图片资料、施工竣工报告、监理报告等。

10.3.3 验收要求:重点是对施工质量、场地安全、边坡绿化基质状况、植被生长状况和绿化效果(植被生长和护坡能力、景观生态协调程度)等方面的质量状况进行综合评价和验收。验收标准可参照下列条件,满足下列全部条件者即通过竣工验收,否则为验收不合格。验收不合格的,组织整改返修,整改后重新验收。

a) 单位工程施工质量检验与评定资料齐全。

b) 场地(边坡)稳定性好,没有安全隐患。

c) 土壤、基质厚度满足设计要求,无严重剥落和水土流失现象,应复绿区域的植被覆盖率总体达到 90% 以上(对特殊的陡坡绿化、景观再造型、自然恢复型生态修复工程不作此要求,但应满足设计要求),物种多样性符合设计要求。

d) 分部(分项)工程质量全部合格。

e) 总体生态恢复较好,并与周边环境基本协调。

11 项目监管

11.1 基本要求

11.1.1 废弃矿山生态修复项目实行省、市、县三级自然资源主管部门共同监管,坚持"分级管理、协调联动、稳步推进"的原则,落实相关责任。采用现场检查、室内核查、抽查监督等方式,实现项目全过程闭环式管理。

11.1.2 承担项目单位(勘查、设计、施工、监理、建设单位)应在各环节加强资料的整理,完工后提交至县(市、区)自然资源主管部门归档(包括纸质和电子)。县(市、区)自然资源主管部门要按照"一矿山一档案"的要求建立台账,统一分类编号,方便调档查询和资料再利用。生态修复工程资料归档清单见附录 H。

11.1.3 依托浙江省国土空间生态修复项目监管系统中的矿山生态修复模块,建立相应废弃矿山生态修复工程信息库,由县(市、区)自然资源主管部门将勘查设计、施工、日常监督、交工等阶段相关材料及影像资料上传至监管系统。

11.2 工程监管

11.2.1 合同签订后,施工单位(或建设单位)应及时到县级自然资源主管部门备案。

11.2.2 施工单位应根据勘查和设计文件,结合废弃矿山现场施工条件,选择合理的施工工艺,编制施工组织设计,明确项目组织结构,编制劳动力资源、机械设备和材料的使用计划,阐述质量、工期、安全和环保的各项保证措施。

11.2.3 项目现场应设置项目公示牌,接受社会公众监督。公示内容应包括:项目名称,批准部门,工程内容,开、竣工日期,项目投资,以及项目勘查、设计、施工、监理、建设单位等。

11.2.4 施工单位应根据施工组织设计开展施工作业,按照工程设计和有关标准规范要求组织施工,实行项目负责人负责制。项目负责人对项目实施、工程进展、工程质量、资金使用及项目实施效果负责。

11.2.5 施工单位必须依照国家和浙江省有关规定,制定相应的生产安全事故应急预案,并对项目组成员开展安全培训。发生生产安全事故的,按照有关规定启动应急预案,及时进行处置,并如实报告事故情况。

11.2.6 施工过程实行监理制,施工监理通过巡视、旁站、平行检查、工程量核定、材料见证取样检测、工序验收等方式,对施工的质量、进度、投资金额等进行有效控制,监督施工单位按照设计和标准规范进行施工。对工程全过程进行监理,提供分项、分部工程及隐蔽工程验收单,承担工程质量监管责任。

11.3 分级管理

11.3.1 县级自然资源主管部门应有计划地开展项目监管,加强施工进度、工程质量、制度执行、验收等监管工作,并将信息管理纳入日常监管工作中。按事前、事中、事后"留痕"要求,分别在项目实施前、项目开工后、植被播(栽)种前、交工验收时、竣工验收时拍摄照片、影像,定期将项目进度等相关信息上传到监管系统。

11.3.2 地级市自然资源主管部门应开展施工进度、安全、质量等重点环节的监督检查,对录入监管系统的项目信息进行审核,发现问题及时处理和纠正。

11.3.3 浙江省自然资源厅应根据监管系统平台上的项目信息,适时采取航空航天遥感、现场督查等方式进行抽查,实行动态监管,开展专项督导。

11.3.4 项目工程竣工验收和整改完成后,办理工程移交手续,由县级人民政府落实具体维护和管理单位。

12 重点生态修复分项工程技术与要求

12.1 废弃矿山边坡整治与加固

12.1.1 基本要求

基本要求如下。

a) 废弃矿山生态修复应消除不稳定边坡的地质安全隐患,保障后续工程施工和复绿效果。

b) 根据修复方向和修复目标,以提升边坡稳定性、改善地形地貌景观和服务后续复绿工程为目的,改造并重塑边坡地形。

c) 具体的边坡整治技术要求可结合地质环境条件、修复目标和综合效益比对,选择清除浮石法、削坡法、挖除法等。

d) 矿区附近为建设场地时,边坡安全评价和治理要求应按《建筑边坡工程技术规范》(GB 50330)执行。

12.1.2 稳定性和安全等级确定

12.1.2.1 一般宕面边坡工程应根据其损坏后可能造成的破坏后果(如危及人的生命、造成经济损失、产生社会不良影响)的严重性、边坡类型和坡高等因素,根据表1确定安全等级。一个边坡工程的各段,可根据实际情况采用不同的安全等级。对危害性极严重、环境和地质条件复杂的边坡,其安全等级应根据工程情况适当提高。

表 1 边坡工程安全等级

边坡类型		坡高(H)/m	破坏后果	安全等级
岩质边坡	岩体类型为Ⅰ或Ⅱ类	$H > 30$	很严重	一级
			严重	二级
			不严重	三级
	岩体类型为Ⅲ或Ⅳ类	$15 < H \leqslant 30$	很严重	一级
			严重	二级
		$H \leqslant 15$	很严重	一级
			严重	二级
			不严重	三级
土质边坡		$10 < H \leqslant 15$	很严重	一级
			严重	二级
		$H \leqslant 10$	很严重	一级
			严重	二级
			不严重	三级

12.1.2.2 破坏后果严重、很严重的下列边坡工程,其安全等级应定为一级:
a) 由外倾软弱结构面控制的边坡工程;
b) 危岩、滑坡地段的边坡工程;
c) 边坡塌滑区内或边坡塌方影响区内有重要建(构)筑物的边坡工程。
上列边坡工程的破坏后果如果不严重,安全等级可定为二级。

12.1.2.3 边坡稳定性计算方法,根据边坡类型和可能的破坏形式,可按下列原则确定。
a) 土质边坡、较大规模和碎裂结构的岩质边坡宜采用圆弧滑动法计算。
b) 对可能产生平面滑动的边坡宜采用平面滑动法计算。
c) 对可能产生折线滑动的边坡宜采用折线滑动法计算。
d) 对结构复杂的岩质边坡,可配合采用赤平极射投影法和实体比例投影法分析。
e) 当边坡破坏机制复杂时,宜结合数值分析法进行分析。

12.1.3 技术要求

12.1.3.1 采场宕面边坡不能满足稳定性安全要求,与周围自然景观不协调或不满足植被栽植要求时,可采用削坡放坡工程。根据不同坡高和不同边坡条件可选用阶梯型、折线型、直线型等不同的削坡坡型。

12.1.3.2 下列边坡的坡率允许值应通过稳定分析计算确定:
a) 有外倾软弱结构面的岩质边坡;
b) 坡顶边缘有较大荷载的边坡;

    c)   土质较软的边坡；

    d)   高度超过（含）10 m 的土质边坡，高度超过（含）25 m 的岩质边坡。

12.1.3.3 土质边坡的坡率允许值可根据工程经验，按工程类比的原则结合已有稳定边坡的坡率值分析确定。当无经验且土质均匀良好、地下水贫乏、无不良地质作用和地质环境条件简单时，边坡坡率允许值可按表 2 确定。

表 2　土质边坡坡率允许值

边坡土体类型	状态	坡率允许值	
		$H<5$ m	5 m$\leqslant H<$10 m
碎石土	密实	1∶0.35～1∶0.50	1∶0.50～1∶0.75
	中密	1∶0.50～1∶0.75	1∶0.75～1∶1.00
	稍密	1∶0.75～1∶1.00	1∶1.00～1∶1.25
黏性土	坚硬	1∶0.75～1∶1.00	1∶1.00～1∶1.25
	硬塑	1∶1.00～1∶1.25	1∶1.25～1∶1.50
注 1：表中碎石土的充填物为坚硬或硬塑状态的黏性土。			
注 2：对于砂土或充填物为砂土的碎石土，其边坡坡率允许值按自然休止角确定。			
注 3：H 为坡高。			

12.1.3.4　在边坡保持整体稳定的条件下，岩质边坡开挖的坡率允许值应根据工程经验，按工程类比的原则结合已有稳定边坡的坡率值分析确定。对无外倾软弱结构面的边坡，放坡坡率可按表 3 确定。

表 3　岩质边坡坡率允许值

边坡岩体类型	风化程度	坡率允许值		
		$H<8$ m	8 m$\leqslant H<$15 m	15 m$\leqslant H<$25 m
Ⅰ类	微风化	1∶0.00～1∶0.10	1∶0.10～1∶0.15	1∶0.15～1∶0.25
	中等风化	1∶0.10～1∶0.15	1∶0.15～1∶0.25	1∶0.25～1∶0.35
Ⅱ类	微风化	1∶0.10～1∶0.15	1∶0.15～1∶0.25	1∶0.25～1∶0.35
	中等风化	1∶0.15～1∶0.25	1∶0.25～1∶0.35	1∶0.35～1∶0.50
Ⅲ类	微风化	1∶0.25～1∶0.35	1∶0.35～1∶0.50	—
	中等风化	1∶0.35～1∶0.50	1∶0.50～1∶0.75	—
Ⅳ类	中等风化	1∶0.50～1∶0.75	1∶0.75～1∶1.00	—
	强风化	1∶0.75～1∶1.00	—	—
注 1：H 为坡高。				
注 2：Ⅳ类强风化包括各类风化程度的极软岩。				

12.1.3.5　岩质边坡采用爆破法削坡时，坡面应预留一定厚度岩层采用人工或机械方式修整，防止坡面产生新的危岩体并保证坡面的稳定平顺。应编制撰写爆破方案进行论证，对周边环境进行专项调查，评估爆破震动对坡体稳定性的影响和爆破飞石对周边环境的危害，必要时应设置滚石拦挡结构，并对周边重要建（构）筑物进行爆破震动监测。

12.1.3.6　根据边坡高度和岩土体特征，可采取相应的分段开挖、设置马道及排水沟等其他防护措施。

a) 当开挖高度大时,宜沿边坡倾向设置多级马道,沿马道应设横向排水沟,坡面上还应布设纵向排水沟,并且与治理区总体排水系统衔接。

b) 单级边坡高度大于 8 m 时,开挖应采用自上而下分段开挖,做到边开挖边护坡,严禁一次开挖到底。根据岩土体实际情况,分段开挖高度宜为 3~8 m。

c) 边坡高度大于(含)8 m 时,宜采用喷锚网、钢筋混凝土格构等护坡。如果高边坡设有马道,坡顶开口线与马道之间、马道与坡脚之间也可采用格构护坡。

d) 边坡高度小于 8 m 时,可以一次开挖到底,采用浆砌石挡墙等护坡。

e) 土质边坡一般应削坡至 45°以下。当边坡高度超过 5 m 时,应设马道放坡,马道宽 2.0~3.0 m。岩质边坡高度超过 20 m 时,应设马道放坡,马道宽 1.5~3.0 m。

12.1.3.7 条件不允许削坡放坡、削坡工程量大或仅采用削坡法还达不到稳定要求的边坡,应进行边坡加固。根据不同的边坡条件可选用防护网、注浆加固、挡土墙、回填压脚、锚索(杆)和格构等加固措施。

12.2 废弃矿山土地整治

12.2.1 基本要求

废弃矿山土地整治应遵守以下基本要求。

a) 根据场地情况、宕底地形、岩体风化程度等,参考当地土地利用规划,结合废弃矿山生态修复目标,确定整治后土地类型为耕地、林地、园地、草地、建设用地等。

b) 修复方向为耕地、林地和园地的,宜采取挖高填低、整平场地方案;修复方向为集水、渔业、湿地用地的,宜采取挖低垫高、整平基底方案,并视地质条件做好防渗处理;修复方向为建设用地的,应进行场地地质环境调查,查明场地内断层、岩溶、特殊性土等不良地质条件的发育程度,给出明确的处理方案,地形应满足建筑物防洪要求。

c) 林地复垦质量控制标准:有效土层厚度不小于 50 cm,砾石含量不超过 25%,有机质含量不小于 1%。

d) 耕地复垦质量控制标准:旱地田面坡度不超过 25°,有效土层厚度不小于 30 cm,砾石含量不超过 10%,有机质含量不小于 1%;复垦为水浇地、水田时,地面坡度不宜超过 15°,有效土层厚度不小于 40 cm,砾石含量不超过 5%,有机质含量不小于 1.5%。

e) 园地复垦质量控制标准:地面坡度不宜超过 25°,有效土层厚度不小于 30 cm,砾石含量不超过 15%,有机质含量不小于 1%。

f) 草地复垦质量控制标准:地面坡度不宜超过 25°,有效土层厚度不小于 30 cm,砾石含量不超过 10%,有机质含量不小于 1.5%。

g) 不同修复方向土地整理后的坡度和土壤环境质量应符合《土地复垦质量控制标准》(TD/T 1036)的要求。

12.2.2 土地整理

12.2.2.1 土地整理相关技术要求可参照《土地整治项目规划设计规范》(TD/T 1012)、《土地复垦质量控制标准》(TD/T 1036)、《土地整治工程质量检验与评定规程》(TD/T 1041)、《土地整治工程施工监理规范》(TD/T 1042)、《土地整治项目验收规程》(TD/T 1013)。

12.2.2.2 整理成耕地:整理后的田块应有利于作物的生长发育,有利于田间机械作业,有利于水土保持,满足灌溉排水要求和防风要求,便于经营管理。

a) 耕作田块方向。耕作田块方向的布置应保障耕作田块长边方向受光照时间最长,受光热量最大,宜选用南北向。在水蚀区,耕作田块宜平行于地形等高线设置;在风蚀区,则应与当地主害风向垂直或与主害风向垂直线的交角小于 30°~ 45°方向布置。

b) 耕作田块长度。根据耕作机械工作效率、田块平整度、灌溉均匀程度以及排水畅通度等因素确定耕作田块的长度。田块边长一般为 500～800 m,具体可依自然条件确定。

    c) 耕作田块宽度。确定耕作田块宽度时应考虑田块面积、机械作业要求、灌溉排水以及防止风害等要求;同时还应考虑地形地貌的限制。田块宽度参考数据如下:

      1) 机械作业要求宽度为 200～300 m;

      2) 灌溉排水要求宽度为 100～300 m;

      3) 防止风害要求宽度为 200～300 m。

    d) 耕作田块形状。要求外形规整,长边与短边交角以直角或接近直角为好,形状选择依次为长方形、正方形、梯形、其他形状,长宽比以不小于 4∶1 为宜。

    e) 耕作田块土壤。耕作田块土壤的质量,主要取决于土壤结构、土壤质地、土壤理化性质等。应因地制宜,提出符合当地条件的土壤质量改良要求。

    f) 道路设置。一般农村道路分为干道、支道、田间道和生产路。设计的道路网应尽量与水利工程渠系一致,沿水利沟渠布局,并与项目区外已有道路相连接。

12.2.2.3 整理成园地:根据社会需求与矿区的区位条件、技术水平以及土地的适宜性和水资源条件,确定园地整理目标。

    a) 面积。根据地形条件、田间排灌工程、生产管理和机械操作的需要确定。

    b) 形状。平原地区以正方形为宜,丘陵地区以沿地形等高线走向等宽的弯曲形状为宜,其他地区以长方形为宜。

    c) 方向。平原地区以南北向为宜,长边应与主害风向垂直。

    d) 道路设置。布设干道、支道、田间道和生产路。干道设在中部,呈十字形或井字形布局,外与村镇、公路相通,内与支路相接。支路一般垂直于干路,设于小区边界上,小区内设置田间道和生产路,供人畜行走和作业。

12.2.2.4 整理成林地:根据社会需求与矿区的地形、气候、土壤、水文、植被等自然条件以及周边土地的用途,确定林地整理目标。

    a) 林地种类确定。根据土地利用规划的要求确定林地的种类。

    b) 树种的选择和配置。根据已确定的整理目的,按不同树种的生态习性,结合适地适树的原则选择和配置树种。一般平地宜种植以生态效益为主,兼顾经济效益的树种;边坡宜种植能控制边坡的土壤侵蚀,有助于提高边坡稳定性的树种。

    c) 道路设置。根据采伐、集材、营林、护林的要求,规划道路网,并与林外的道路网连接。

12.2.2.5 整理成草地:根据矿区地形、气候、土壤、水文、植被等自然条件以及周边土地的用途,确定草地整理目标。

    a) 草地种类确定。根据土地利用规划的要求,确定草地的种类为人工牧草地或其他草地。

    b) 植物的选择和配置。根据已确定的土地整理目的,选取本地物种,充分考虑物种种间关系、生态习性等进行植物的选择和配置。

    c) 道路设置。根据牧草收割、灌溉与管理的要求,规划道路网,并与外部道路网连接,达到当地行业工程建设标准要求。

12.2.2.6 整理成建设用地:根据矿区地形、岩土体工程地质条件和规划的建(构)筑物类型,确定建设用地整理目标。

    a) 整理后场地地形平整、范围清晰,便于建设工程规划设计和施工。

    b) 土地平整应按设计要求进行土方调配与平衡。

    c) 充分利用已有地形,减少土石方工程量及对矿区边坡、植被的扰动和破坏。

12.2.3 土地复垦

12.2.3.1 土地复垦相关技术要求可参照《土地复垦质量控制标准》(TD/T 1036)执行,土地复垦配套设施(包括灌溉设施、排水设施、道路等)应满足《灌溉与排水工程设计标准》(GB 50288)等标准的要求。

12.2.3.2 砖瓦黏土、紫泥、陶土等规模较小的采场,一般采坑深度较小,地形地貌条件及表土资源条件较好,通常进行简单回填整平即可,可在相对较短时间内恢复为农业用地;规模较大的建材矿山采场,根据修复方向和地质环境条件,应采取废石渣清理、采坑回填、边坡整治、宕底整平等措施。

12.2.3.3 废弃露天采场复垦应遵守以下要求。

a) 针对原露天采场平台,应充分利用开采剥离表土进行表土覆盖。当露天采场在修复整治规划中被用作林地或草地时,可将岩土混合物覆盖于表层,在植树的坑内填入土壤或其他含肥物料;当在修复整治规划中被用作农地时,可将岩土混合物填充采坑底部。

b) 针对原露天采场坡面,可采取喷播绿化措施,即喷播土壤基质、客土回填、表层覆土等方式进行坡面复垦。

c) 露天采场用于水产业(养殖业)时复垦应满足下列条件:
1) 有适宜的水源补给,水质符合标准;
2) 塘(池)面积适中,一般为 $0.3\sim0.7\ \mathrm{hm^2}$,水岸布置安全防护设施;
3) 有良好的排水设施,防洪标准与当地一致。

d) 露天采场用作人工湖、公园、水域观赏区时复垦应满足下列条件:
1) 与区域自然环境协调,有景观效果;
2) 水质符合《地表水环境质量标准》(GB 3838)中Ⅳ、Ⅴ类水域标准;
3) 排水、防洪设施满足当地标准;
4) 沿水域布置树草种植区,控制水土流失。

e) 露天采场用作建设用地时复垦应满足下列条件。
1) 待复垦场地无滑坡、断层、岩溶等不良地质条件,主体建筑设置于较好地基地段。根据浙江省工程建设标准《建筑地基基础设计规范》(DB33/T 1136)确定地基承载力、变形和稳定性指标等参数。
2) 用于建筑的坡度允许值,根据当地经验,参照同类土、岩体的稳定性坡度值确定。坡度一般不超过 20%。
3) 排水管网布置合理,建筑地基标高满足防洪要求。

f) 当露天采场用于其他用途时,根据露天采场地形地质条件和利用方向,复垦工程标准应另行制订。

12.2.3.4 排土场场地复垦应遵守以下规定。

a) 排土场复垦优先考虑废物综合利用,排土场中的砂岩、灰岩和花岗岩等可直接加工成建筑材料。

b) 无法综合利用的排土场,经边坡整理、消除后,表层土石颗粒较细且具有一定养分的可直接复垦植被,表层土石呈块状、颗粒较粗难以直接复垦的,可在表层做客土覆盖后进行植被恢复。

c) 充分利用从废弃地收集的表土作为顶部覆盖层。用作复垦场地的覆盖材料,不应含有有毒有害成分。

d) 用于林业时复垦应满足以下要求:
1) 覆土厚度 0.5 m 以上;
2) 坑栽时,坑内放少许客土或人工土;
3) 在 25°以下的边坡缓坡可用于一般林木种植,坡度为 15°～25°的坡地可用于果园(含桑)和其他经济林种植;
4) 有满足场地要求的排水设施,边坡有保水肥措施。

e) 用于牧业场地时复垦应满足以下要求:
1) 边坡坡度不大于 30°;

2) 内排阶台稳定后,覆土 0.2 m 以上;

3) 场地大的复垦区应有作业通道;

4) 依饮水半径合理布置饮水点。

f) 用于建筑场地时复垦应满足以下要求:

1) 边坡坡度允许值参照同类土(岩)体的稳定坡度值确定,一般坡度值不超过 20%;

2) 经试验及计算确定的场地地基承载力、变形指标和稳定性指标满足设计要求时,可用作持力层;不能满足要求时,依据岩土性能、场地条件等提出地基处理方法,采用分层压实或其他方法处理。

g) 用于其他用途时复垦应依据覆土后场地条件和拟定用途等另行制订相关标准。

12.2.3.5 废石堆场地复垦应遵守以下规定。

a) 采矿形成的废石废渣堆,可作为充填材料回填采空区或露天采坑,对剩余的废土石、废渣等可采取清运措施恢复堆放场地并进行植被绿化;或者对废石堆进行场地整平、削坡放坡等措施,服务于后续的复绿工作。

b) 易风化废石堆场复垦依风化程度可分为不覆土和覆土复垦。不覆土复垦适用于已有风化层,层厚在 0.1 m 以上,颗粒细,pH 值适中的情况,可直接用于建立植被。风化层薄、含盐量高或具有酸性时,应经处置至 pH 值适合后,覆土 0.3 m 以上。

c) 不易风化废石(用于林、牧业)复垦,应进行堆场整治,适当压实;缓坡至边坡稳定,有控制水土流失的措施;覆土厚度在 0.5 m 以上。

d) 坑栽复垦(用于林、牧业)应遵守以下规定:

1) 易风化废石堆场坑栽时,应先期备好坑,暴露一段时间,坑内宜放少量客土或人工土,也可放风化碎岩;

2) 不易风化废石堆场,坑内应放较多客土;

3) 强酸性废石不宜简单采用坑栽法。

12.3 矿区植被重建

12.3.1 基本要求

12.3.1.1 矿区植被重建应贯彻生态优先原则,并遵循生态学的基本原理,以恢复和营造良好的生态环境、实现矿区可持续发展为最终目标,在矿区建立结构合理、功能完善、稳定和可自我更新、可持续发展的生态系统。

12.3.1.2 矿区植被重建应坚持因地制宜、就地取材、综合治理的原则。根据实地情况科学地选择优良本土植物,做到植被重建与工程护坡有机结合,并统筹兼顾矿区与周边社区生产和生活状况,全面协调区域生态、经济、社会发展情况,以求达到良好的生态、经济、社会效益。

12.3.1.3 位于"三区两线"和"四边区域"(公路边、铁路边、河边、山边)内的废弃矿山,特别是有特殊景观要求的废弃矿山生态修复,应注重景观再造,力求与周边自然景观保持和谐统一,具有美感和观赏价值。

12.3.2 地境再造工程

12.3.2.1 植被重建前应确保植物具有良好的生长基础,除了坡度小或有平台、坑穴等具备植被种植条件的情形外,必要时要对基础条件不利于植物生长的坡面进行改造,人为营造良好植物生境。

12.3.2.2 应视边坡的坡度、节理裂隙发育情况、松散程度等条件而采用不同的固土技术,使原坡面土体或客土附着于边坡之上;或在确定植物群落和植物种类的基础上,结合场地条件和工程治理方案,人为建造确保植物能够正常生长的基质层(土层或植生基材等有效土层),从而形成稳定的植物生长基础。

12.3.2.3 植被地境再造工程主要技术分为以下几类。

    a) 表面固土技术:主要包括平面网(金属网、土工格栅)和立体网(三维网、网笼)。

    b) 分区固土技术:主要包括格构(混凝土格构、预制格构、现浇格构、土工格构)、穴槽(飘台、植生槽、鱼鳞坑、刻槽)、植生袋。

    c) 水平拦挡技术:主要包括隔挡(生态棒)、阶台(水平阶台、水平沟槽、栅栏、挡墙、棚、架、挡土翼)。

    d) 地境再造工程相关技术(无土覆盖岩质边坡,可用于70°以上陡壁)。

12.3.2.4 对于条件复杂的坡面宜根据地形状况分解成若干个独立单元,整体规划,分区设计,分部施工。

12.3.2.5 推荐常用的地境再造工程技术有固土网(防护网)、格构、植生袋、种植穴(槽)、阶台(孔式、坑式、槽式)及地境再造等。具体方法选择和规格视坡面条件和降雨、台风等影响因素而定。

12.3.2.6 地境再造工程相关技术要求应在设计中详细说明。

12.3.3 坡面截排水工程

12.3.3.1 坡面截排水措施应以完整汇水区域为单元进行设计,坡面上部应设置截排水措施,坡面及坡面下部应设置排水消能设施。在满足截排水要求的前提下,宜优先采用生态型截排水措施。

12.3.3.2 截排水措施布设应符合下列规定。

    a) 对工程建设破坏原地表水系和改变汇流方式的区域,应布设截水沟、排洪渠(沟)、排水沟、边沟、排水管以及与下游的顺接装置,将工程区域和周边的地表径流安全排导至下游自然沟道区域。

    b) 排水承泄区应保证排水系统的出流条件,具有稳定的河槽或湖床、安全的堤防和足够的承泄能力,并且不产生环境危害。

    c) 根据坡面特征和气象水文条件,确定截排水措施的位置、标准、结构、断面形式和长度。

    d) 截排水措施布设、设计应按照《生产建设项目水土保持技术标准》(GB 50433—2018)中的4.6.8和《水土保持工程设计规范》(GB 51018—2014)中的5.6和第11章的相关规定执行。

12.3.3.3 截排水工程符合以下技术要点。

    a) 渠线布置宜采用不小于1∶2 000的地形图,工程布置和设计宜采用1∶200～1∶500的地形图。

    b) 应根据治理区的地形条件,按高水高排、低水低排、就近排泄、自流原则选择线路。

    c) 多蓄少排型坡面截排水工程应采用蓄水型截水沟,并应沿治理坡面等高线或沿梯田傍山一侧边界水平布置。当治理区坡面的坡长较长时,应增设多级截水沟,间距应根据其控制面积、坡面产流量、蓄水能力等要素计算并结合地形确定。

    d) 少蓄多排型坡面截排水工程应采用排水型截水沟,并应沿治理坡面等高线方向或沿梯田傍山一侧边界布置,其纵向比降宜为1%～2%。

    e) 全排型坡面截排水工程截流沟为排水型,基本上应沿等高线方向布设,纵向比降应取1%～2%,沟线应顺直。

    f) 坡顶截水沟宜结合地形进行布设,距挖方边坡坡口或潜在塌滑区后缘不应小于5 m,填方边坡上侧的截水沟距填方坡脚的距离不宜小于2 m,受台风影响多雨地区可设一道或多道截水沟。

    g) 截、排水沟的底宽和顶宽不宜小于500 mm,可采用梯形断面或矩形断面。

    h) 截、排水沟应进行防渗处理,砌筑砂浆强度等级不应低于M7.5,块石、片石强度等级不应低于MU30,现浇混凝土或预制混凝土强度等级不应低于C25。

    i) 当截、排水沟出水口处的坡面坡度大于10%、水头高差大于1.0 m时,可设置跌水和急流槽将水流引出坡体或引入排水系统。

j) 排出的水尽量拦截再利用,成为绿化施工和绿化养护用的水。

12.3.4 复绿工程

12.3.4.1 植被选择应遵循以下规则。

a) 优先选择生长快、适应性强、耐瘠薄、成本低且易获得的本地物种。

b) 植物习性与场地条件相适应。如在阳光直射、升温快的岩壁和坡面,尽量选择适应性强、耐高温的植物,避免选择喜阴喜湿的植物。

c) 考虑景观效果时,选择观叶植物和花卉植物以及短期内能形成一定覆盖度的攀爬植物,多选择四季常绿型植物。

d) 可选择的植物推荐物种见附录 I。

12.3.4.2 植物配置应遵循以下规则。

a) 首先以适应性强的乡土先锋物种为基调,合理搭配后继长命物种,推进乔、灌、草、藤立体种植,建立相对稳定的复层立体结构的植物群落,防止群落退化,丰富生物多样性,增强生态系统稳定性。

b) 合理确定常绿与落叶苗木的搭配比例、苗木的种植密度。根据不同的气候条件、场址条件,分别选用不同的植物品种和植物配置方式、栽植管护技术。

c) 有景观要求的宜考虑不同季节不同色彩的观赏性,通过合理选择和搭配彩色(观花、观叶、观果等)植物呈现多彩景观。

d) 群落构成的设计应依据植物的形态、生态特性进行选择、组合,保证自然协调性。与自然相协调的植物群落的基本条件是:植物的生物学、生态学特性适应于自然;植物群落所具有的功能近似于自然;植被的景观近似于自然。

12.3.4.3 植被重建应遵循以下规则。

a) 根据植被生境营造工程和所选植物的特点,常见植被重建方法分为铺草皮法、香根草篱法、植生带法、植生袋法、三维植被网法、种子喷播法、客土喷播法、喷混植生法、厚层基材法、藤蔓植物攀爬法、地境再造法等。其主要施工技术要点、适宜的边坡条件和优缺点见附录 J。

b) 根据实际需要选择植被恢复方法或组合方法。具体施工技术方法可参照《浙江省露天开采矿山生态环境治理工程技术指南》。实施时以该方法在特定场地所适宜的流程、指标、参数为准。

c) 具体栽种时可参照当地园林绿化工程施工、验收相关规范和行业标准,如《浙江省园林绿化技术规程》《浙江省露天开采矿山生态环境治理工程技术指南》等。

12.3.4.4 复绿工程应符合以下基本技术要求。

a) 复绿方法应综合考虑施工技术、设备性能、施工经验和施工条件类同的废弃矿山复绿工程经验。

b) 对于开采花岗岩、大理岩等饰面石材、板材的建材废弃矿山,宕面节理裂隙一般不发育,岩体完整,可采用上爬下挂、坡脚乔木遮挡等简单的方式复绿,避免对边坡稳定性和已有植被造成二次破坏。

c) 对于边坡角 60°以上的高陡岩质边坡,植物生长条件恶劣,应引用、改进和创造先进适用的陡坡绿化技术,有时可能需要多种工艺叠加。

d) 根据浙江省遗留待修复的废弃矿山情况,客土喷播和厚层基材喷播绿化将是边坡绿化的主导工艺,其基质材料构成和种子配比及用量要求可参考表 4、表 5。施工时可根据现场情况和施工经验在用量上作适当调整,但调整应事先征得设计单位同意。植物物种可根据季节及所在地气候条件进行适当调整,有些难萌发的木本种子喷播前应作催芽预处理。

表 4　边坡喷播用基质原材料配合比

材料名称	壤土	泥炭土	草纤维	谷壳	有机肥	复合肥	保水剂	黏合剂
材料用量	100 kg	20 kg	5 kg	5 kg	20 kg	50 g	35 g	35 g

表 5　边坡喷播用种子配比及用量

名称	用量 /(g·m^{-2})	名称	用量 /(g·m^{-2})	名称	用量 /(g·m^{-2})
山苍子	2	多花木兰	2	火棘	2
狗牙根	3	胡枝子	3	刺槐	3
紫花苜蓿	3	马棘	2	山合欢	2
紫穗槐	3	高羊茅	5		

e)　植生基材应符合以下规定。

　　1)　砾石(粒径小于 10 mm)含量小于 2.5%,粗砂与细砂(粒径 0.02～2 mm)含量为 50%～58%,粉砂和黏粒(粒径在 0.02 mm 以下)含量为 42%～50%。

　　2)　有机物含量不超过 50%,碳含量宜低于 30%。

　　3)　基材层紧贴下覆岩面,无分离和脱开现象。

　　4)　掺入植生基材中的土壤宜为黏土(壤土、黄土),宜采用地表种植土或森林腐殖质层土壤;有机基材应充分粉碎并腐熟。

12.3.5　养护工程

12.3.5.1　养护技术见表 6。

表 6　养护技术主要类型及技术措施

类型	主要做法	技术措施
光热调控	遮盖	无纺布、草帘、遮阳网、覆盖喷播、地膜
水肥调控	施肥、灌溉	撒施、喷灌、滴灌、微灌
种群调控	限控技术	刈割、修剪与平茬
	调配技术	补播(栽)
植物保护	有害生物防治	物理防治、生物防治、综合防治

12.3.5.2　养护管理遵守以下规则。

a)　苗期宜采取遮盖等措施,可根据工程所在地的气候条件和坡面条件选用遮盖材料。

b)　宜根据区域气候、立地条件及植物生长的需要等进行水肥控制技术设计。

c)　可采用喷灌、滴灌和微灌等方式,喷灌工程设计应符合《节水灌溉工程技术标准》(GB/T 50363)和《喷灌工程技术规范》(GB/T 50085)的规定,微灌工程设计应符合《微灌工程技术标准》(GB/T 50485)的规定,水质应符合《城市污水再生利用　城市杂用水水质》(GB/T 18920)中城市绿化杂用水的有关要求。

d)　宜结合今后期望形成的目标植被的设计要求,进行养护期间的苗期种群密度和物种比例调控。

e)　宜结合植物生长和病虫害发生特点选用植物保护措施,依据情况采用不同的有害生物防治的措施。

12.3.5.3　养护管理的时间不少于 2 年。

12.4　监测维护

12.4.1　生态修复监测

12.4.1.1　开展矿区生态修复监测工作,主要包括边坡稳定性、地表水、土壤、植被、生态系统质量等监测,修复工程目标任务完成情况监测以及修复后效果监测。

12.4.1.2　对宕底拟恢复为建设用地(人口较密集、潜在经济损失大)的废弃矿山边坡的稳定性进行监测。

12.4.1.3　废弃矿山边坡稳定性监测点的分级、监测内容、监测方法、监测频率、监测点布设、监测资料整理以及变形破坏或预报等技术要求按《矿山地质环境监测技术规程》(DZ/T 0287)执行。

12.4.1.4　土壤质量监测点布设、样品采集、样品保存、分析测定、评价方法等按照《矿山地质环境监测技术规程》(DZ/T 0287)、《土壤环境监测技术规范》(HJ/T 166)等标准执行。

12.4.1.5　植被生态系统监测采用遥感及实地调查结合的方式,对植被群落内物种数目、种类、个体数、建群种、优势种、均匀度、多样性、覆盖度等状况进行监测。

12.4.2　植被养护

废弃矿山生态修复工程施工(交工验收)后,应根据废弃矿山生态修复目标,做好后续植被养护维护工作。

12.4.3　工程维护

工程维护主要针对宕面边坡支护加固工程、截排水工程、土地整治工程等,按照工程设计和运行要求进行定期检查和维护。

附 录 A
（资料性）
样方调查

附录 A 给出了生态地质调查中进行样方调查的方法。

选取废弃矿山周边未遭受采矿破坏的天然生态系统作为矿区修复的参照生态系统,对植物群落样方进行调查,为生态修复的植物选型、物种搭配、覆土厚度、土壤基质等提供参考依据。由于群落的物种组成、分布以及环境因素的异质性特征,选择合适的基本样方往往既能保证抽样调查的代表性,也能极大地提高调查的效率。因此,首先要确定样方调查的位置和样方大小。根据调查区内植物种类与数量,选取典型样地进行样方调查。此样方能够包括植物群落中全部的常见种,也能较准确地反映群落覆盖地表的状况,在保证样方代表性的同时也能最大限度地控制工作量。

在样方调查之前,首先要记录样方的编号、地理位置及经纬度坐标、地面高程、样方面积以及调查日期、天气状况、调查人等内容。样方调查的内容为植物的种名和生态类型。对于乔木和灌木,还需调查植物的基径、胸径、高度、冠幅及生长状况;对于草本植物,则调查其高度、株数、分盖度、总盖度及生长状况。必要时可进行生物量调查。

样方调查主要方法为:选取能够反映区内植物种类和生长情况的区域布设样地,每个样地中随机设3 个小样方。样方大小规格可定为:草本规格为 1 m×1 m;灌木规格为 4 m×4 m;乔木规格为 10 m×10 m。根据现场植被生长情况和地形地貌特征,以样方能够代表样点植被群落特征、便于观察采样为原则,适当调整样方大小。调查统计样方内植物种类、优势种、生长情况、盖度、多度等指标。

附　录　B

（资料性）

浙江省废弃矿山自然恢复调查评估报告编制提纲

附录B给出了《××废弃矿山自然恢复调查评估报告》编制提纲,主要格式和内容如下。

一、前言

项目背景、来源、目的、任务等。

二、工作概述

1.废弃矿山概况

主要叙述矿山的名称、位置、范围、分布,矿山企业的性质,矿山开采闭矿废弃历史和现状,开采方式(方法)、顺序、矿种、时间、范围、规模、产量、用途及闭矿过程等情况。

2.工作方法及完成的工作量

矿山生态环境综合评估是在充分收集相关资料、进行场地调查的基础上,分析废弃矿山自然生态状况和植被恢复背景。判断废弃矿山自然生态修复的可能性。

叙述评估区划分原则与采取工作方法与手段,如资料收集、遥感解译、地质调查与测绘、土壤与植被调查、样品采集与测试及综合研究等。列表说明完成的工作量。

三、地质环境条件背景

叙述评估区内气象水文、地貌、地层岩性、地质构造、水文地质、工程地质等。

四、矿山地质环境问题

主要叙述:矿山活动对边坡稳定性的影响程度与场地发育情况;地形地貌景观、地质遗迹、人文景观等的影响和破坏情况;矿区含水层破坏情况,含水层破坏范围、规模、程度和影响等;土地资源损毁情况,包括压占和损毁的土地类型、面积等。

五、废弃矿山生态环境现状评估

1.宕面边坡稳定性分析

(1)宕面岩土体基本特征:叙述矿山宕面岩土体结构类型与组成特征(岩石种类、性质、蚀变和风化程度、地层产状、断层破碎带及节理裂隙的规模和产状)。

(2)矿山边坡稳定性评价:首先对边坡分段,阐述边坡稳定性评价原则、方法,针对矿山范围内隐患的类型、规模和数量分布情况,进行定性、半定量稳定性分析。

(3)其他场地(包括渣土堆场、道路边坡、下挖采坑边坡等)稳定性分析。

2.宕底基本特征及利用情况

废弃矿山宕底分布特征、范围面积、表面高程与高差、坡度、场地平整性及堆积物情况。场地利用现状(是否荒芜),有无地表水污染现象,有无重金属污染物或其他有毒有害物质等。

3.植被生长情况评估

(1)矿山周边生态环境概述。通过调查,叙述矿山周边场地土壤类型、特质与厚度等,植被发育情况,植株密度、盖度、优势种、高度、冠幅、基径等。

(2)叙述矿山宕面微地貌特征(高程、方位、位置),土壤基质类型、分布厚度、涵养水分以及水土流失情况等。叙述现状植被生长状况,具体草、灌、乔特点及生长密度等。

(3)叙述宕底微地貌起伏特征(高程及相对高差),土壤基质类型、分布厚度、涵养水分以及水土流失情况等。叙述原始及残留植被分布情况,多年来植被自然恢复范围、种类及总体植被覆盖率等。

六、矿山生态环境综合评估

1.综合分区评估

根据废弃矿山场地稳定性、地形和土壤条件,结合现状植被生长情况,对场地进行综合分区评估,预测发展变化趋势,明确是否适合自然恢复,以及采取其他人工干预、生态治理措施的可能性。

2.矿山自然恢复适宜性评估

矿山自然恢复适宜性评估,主要根据矿山场地稳定性、气候条件、地形和土壤条件进行综合评估。可分为适合、基本适合和不适合三类,见表 B.1。同一矿山不同区域可划分为不同类别。

表 B.1 矿山生态自然恢复适宜性分类表

类别	分类说明
适合	矿山无安全隐患,或局部存在安全隐患但无直接威胁对象;无重金属污染物或其他有毒有害物质;矿山所在区域的气候(降水量)适合植被生长;地形坡度不易发生水土流失,表层土壤涵养水分并能够维持植被生长;周边植被生长较好,自然恢复趋势明显;生态系统不需要人为干预,依靠自身的调节能力,可实现自然演替和更新恢复
基本适合	场地存在一定的安全隐患,场地稳定性较差,进行生态修复之前需要对矿区边坡进行治理,消除安全隐患;区域气候条件适合植被生长,但场地的地形坡度较易导致水土流失,表层土壤稀少或肥力较低,不适合植被生长;地形、植被与周边环境协调性较差,需要通过少量的人工干预进行边坡整治和植被种植(辅助再生)
不适合	矿山位于重要自然保护区、景观区、居民集中生活区和重要交通干线、河流湖泊直观可视范围内,与周围景观极不协调;矿山存在重大地质安全隐患,严重影响工农业生产和生命财产安全,需采取防治措施消除隐患;地形、植被与周边环境协调性差,场地条件很难依靠自然恢复和辅助再生措施恢复植被、改善矿区生态,必须采取全面完整的工程修复措施才能达到生态修复目的(生态重建)

七、结论与建议

1.评估结论

简述综合评估结论。

2.工作建议

结合综合评估结论,提出安全防护、辅助再生或生态重建工作建议。

八、附图与附件

例如,废弃矿山生态修复调查评估综合成果图:底图有地层等地质要素,图上应突出综合评估结论,应用不同符号表示(分区)自然恢复适合、基本适合和不适合场地类型。

附　录　C

（资料性）

浙江省废弃矿山生态修复工程可行性研究报告提纲

附录 C 给出了《××废弃矿山生态修复工程可行性研究报告》提纲，主要格式和内容如下。

一、前言

1.立项依据和目的

说明立项来源、依据的通知和文件、组织实施单位、承担单位等；说明生态修复工程要达到的目的、预期目标。

2.立项意义和必要性

说明该废弃矿山生态修复的实际意义、必要性和预期成效。

二、废弃矿山概况

1.矿山基本情况

包括矿山简介、矿区范围和拐点坐标、矿山开发利用方案、矿区开采历史及现状等。

2.矿区基础信息

包括矿区自然地理条件、地质环境背景、社会经济概况、土地利用现状等。

3.矿区生态环境问题

根据收集的资料和现场调查工作，阐述废弃矿山现状所存在的生态环境问题，包括矿山地形地貌景观破坏、岩土体稳定性、土地资源压占和破坏、水土流失、岩土裸露、植被损毁、生态恶化等，说明这些问题的分布、规模和危害程度。

三、总体定位与修复目标

1.总体定位

根据区域规划、生态功能定位、生态保护红线、重要生态敏感区、自然保护地、经济发展需要、人口及结构、土地利用情况等，综合确定废弃矿山生态修复方向。

2.修复目标

说明具体修复工作完成后应达成的效果、实现的功能、产生的效益。

四、废弃矿山生态修复工程

1.工程可行性分析

分析论证技术可行性和经济可行性。

2.主要工程技术措施与工程量

综合考虑生态修复方向和目标，采取地形整治、土壤重构、植被重建和景观重塑等技术手段和方法，核算大体的工程量。

3.工作部署

包括总体工作部署和分阶段实施计划。

五、投资估算与进度安排

1.投资估算依据和估算结果

根据估算参照的取费标准、定额等计算投资总金额。

2.工作进度安排

按照工程内容的大小和投资进度对工程的大体进度进行安排。

六、保障措施与效益分析

1.保障措施

包括组织保障、技术保障和资金保障等。

2.效益分析

包括生态环境效益、经济效益和社会效益。

附　录　D

（资料性）

岩质边坡岩体稳定性分类

岩质边坡岩体稳定性分类判定条件见表 D.1。

表 D.1　岩质边坡岩体稳定性分类判定条件

边坡岩体类型	判定条件			
	岩体完整程度	结构面结合程度	结构面产状	直立边坡自稳能力
Ⅰ	完整	良好或一般	外倾结构面或外倾不同结构面的组合线，倾角为大于 75°或小于 27°	30 m 高的边坡长期稳定，偶有掉块
Ⅱ	完整	良好或一般	外倾结构面或外倾不同结构面的组合线，倾角为 27°～75°	15 m 高的边坡稳定，15～30 m 高的边坡欠稳定
	完整	差	外倾结构面或外倾不同结构面的组合线，倾角为大于 75°或小于 27°	15 m 高的边坡稳定，15～30 m 高的边坡欠稳定
	较完整	良好或一般	外倾结构面或外倾不同结构面的组合线，倾角为大于 75°或小于 27°	边坡出现局部落块
Ⅲ	完整	差	外倾结构面或外倾不同结构面的组合线，倾角为 27°～75°	8 m 高的边坡稳定，15 m 高的边坡欠稳定
	较完整	良好或一般	外倾结构面或外倾不同结构面的组合线，倾角为 27°～75°	8 m 高的边坡稳定，15 m 高的边坡欠稳定
	较完整	差	外倾结构面或外倾不同结构面的组合线，倾角为大于 75°或小于 27°	8 m 高的边坡稳定，15 m 高的边坡欠稳定
	较破碎	良好或一般	外倾结构面或外倾不同结构面的组合线，倾角为大于 75°或小于 27°	8 m 高的边坡稳定，15 m 高的边坡欠稳定
	较破碎（碎裂镶嵌）	良好或一般	结构面无明显规律	8 m 高的边坡稳定，15 m 高的边坡欠稳定
Ⅳ	较完整	差或很差	外倾结构面以层面为主，倾角多为 27°～75°	8 m 高的边坡不稳定
	较破碎	一般或差	外倾结构面或外倾不同结构面的组合线，倾角为 27°～75°	8 m 高的边坡不稳定
	破碎或极破碎	很差	结构面无明显规律	8 m 高的边坡不稳定

注 1：结构面指原生结构面和构造结构面，不包括风化裂隙。
注 2：外倾结构面指倾向与坡向的夹角小于 30°的结构面。
注 3：不包括全风化基岩；全风化基岩可视为土体。
注 4：Ⅰ类岩体为软岩时，应降为Ⅱ类岩体；Ⅰ类岩体为较软岩且边坡高度大于 15 m 时，可降为Ⅱ类。
注 5：当地下水发育时，Ⅱ、Ⅲ类岩体可根据具体情况降低一档。
注 6：强风化岩应划为Ⅳ类；完整的极软岩可划为Ⅲ类或Ⅳ类。
注 7：当边坡岩体较完整、结构面结合差或很差、外倾结构面或外倾不同结构面的组合线倾角为 27°～75°、结构面贯通性差时，可划为Ⅲ类。
注 8：当有贯通性较好的外倾结构面时，应验算沿该结构面发生破坏时的稳定性。

附　录　E

（资料性）

岩土体力学性质参数

勘查工作完成后,在提出岩土体力学性质参数时,可根据室内土工试验资料提供稳定性评价及治理工程设计需要的岩土体性质参数值。当无试验资料时,岩体结构面抗剪强度指标标准值可取当地的经验值或参照表 E.1、表 E.2 确定。

表 E.1　结构面抗剪强度指标标准值

结构面类型		结构面结合程度	内摩擦角 $\varphi/(°)$	黏聚力 c/kPa
硬性结构面	1	结合良好	＞35	＞130
	2	结合一般	35～27	130～90
	3	结合差	27～18	90～50
软弱结构面	4	结合很差	18～12	50～20
	5	结合极差(泥化层)	＜12	＜20

注 1:除结合极差外,结构面两壁岩性为极软岩、软岩时取表中较低值。
注 2:取值时应考虑结构面的贯通程度。
注 3:结构面浸水时取表中较低值。
注 4:表中数值已考虑结构面的时间效应。
注 5:本表未考虑结构面参数在施工期和运行期受其他因素影响发生的变化,判定为不利因素时,可进行适当折减。

表 E.2　结构面的结合程度

结合程度	结构面特征
结合良好	张开度小于 1 mm,胶结良好,无填充;张开度为 1～3 mm,硅质或铁质胶结
结合一般	张开度小于 1 mm,钙质胶结;张开度大于 3 mm,表面粗糙,钙质胶结
结合差	张开度为 1～3 mm,表面平直,无胶结;张开度大于 3 mm,岩屑充填或岩屑夹泥质充填
结合很差、结合极差(泥化层)	表面平直光滑,无胶结;泥质充填或泥夹岩屑充填,充填物厚度大于起伏差;分布连续的泥化夹层;未胶结的或强风化的小型断裂破碎带

岩体内摩擦角和黏聚力可根据岩体完整程度由岩石的内摩擦角和黏聚力乘表 E.3 中的折减系数确定。

表 E.3　岩体性质指标折减系数表

岩体完整程度	内摩擦角 $\varphi/(°)$	黏聚力 c/kPa
完整	0.90～0.95	0.40
较完整	0.85～0.90	0.30
较破碎	0.80～0.85	0.20

当无试验资料时,岩石与锚固体的极限粘结强度可按表 E.4 确定。土体与锚固体的粘结强度可按地方经验确定。

表 E.4　岩石与锚固体极限粘结强度标准值

岩石类别	极限粘结强度标准值 f_{rbk}/kPa
极软岩	270～360
软岩	360～760
较软岩	760～1 200
较硬岩	1 200～1 800
坚硬岩	1 800～2 600
注 1:表中数据适用于注浆强度等级为 M30。 注 2:岩体结构面发育时,取表中下限值。 注 3:表中岩石类别根据天然单轴抗压强度 f_r 划分:$f_r<5$ MPa 为极软岩,5 MPa$\leqslant f_r<15$ MPa 为软岩,15 MPa$\leqslant f_r<30$ MPa 为较软岩,30 MPa$\leqslant f_r<60$ MPa 为较硬岩,$f_r\geqslant60$ MPa 为坚硬岩。	

岩土地基承载能力可根据勘查试验成果结合地区经验确定。

附　录　F

（资料性）

浙江省废弃矿山生态修复工程勘查报告提纲

附录F给出了《××废弃矿山生态修复工程勘查报告》提纲,主要格式和内容如下。

一、前言

1.任务来源

简述项目来源、委托单位、委托时间。

2.地理位置和勘查范围

包括项目位置、工作范围等。

3.勘查目的、任务和要求

包括勘查工作要达到的目的、需要完成的任务和相关要求。

4.勘查依据

包括勘查工作遵循的法律法规、政策文件和技术标准等。

二、勘查方法和工作量布置

1.勘查方法

包括遥感、工程地质测绘与调查、勘探、测试、资料整理、综合研究等方法。

2.工作量布置

包括各项勘查工作的依据、布置原则及数量。

三、自然地理与地质环境条件

1.自然地理条件

包括位置与交通、气象、水文、植被、土壤及主要病虫害情况。

2.地质环境条件

包括地形地貌、地层岩性、地质构造、地震、矿产资源、水文地质、工程地质、人类工程活动等情况。

四、矿山地质环境现状及生态环境问题分析

1.矿山开采历史

2.矿山边坡状况

包括可能形成的类型、成因、现状、稳定性分析、危险性程度以及破坏程度对经济发展的影响。

3.矿山土地资源状况

包括土地资源利用情况,土地资源破坏的成因类型、空间分布,现场条件与诱发条件。

4.矿山地形地貌景观状况

包括现状采坑破坏生态环境、岩质边坡破坏生态环境及矿渣堆破坏生态环境的情况。

5.矿区和周边植被状况

包括生物多样性、样方与地境机构调查结果等,开展生态环境状况评估。

五、矿山生态修复工程建议

(1)针对不同的矿山地质环境问题,提出1～2种防治方案建议。

(2)阐述典型治理工程部位的水文地质和工程地质条件。

(3)提出生态修复工程的主要技术方法和关键设计参数等。

六、勘查结论与建议

总结论述矿山生态环境问题类型、程度、规模,以及主要生态修复与治理工程设计参数、防治建议等。

七、附图与附件

1）地质勘查工作实际材料图；

2）勘查区测量控制点、主要拐点坐标表；

3）矿山地质环境现状图（1：1 000）；

4）工程地质和水文地质平面图（1：500～1：1 000）；

5）工程地质和水文地质剖面图（1：200～1：1 000）；

6）钻孔柱状图（1：100）；

7）井、槽、坑探成果及致灾体素描（1：50～1：100）；

8）试验成果报告（岩、土、水室内试验和野外试验成果）；

9）计算书；

10）现场照片。

附　录　G

（资料性）

浙江省废弃矿山生态修复工程设计方案提纲

附录 G 给出了《××废弃矿山生态修复工程设计方案》提纲，主要格式和内容如下。

一、工程概述

1）任务由来；

2）项目地理位置、行政区划；

3）可行性研究和工程勘查报告中的治理方案及建议（或初步设计情况）；

4）主要设计依据；

5）工程等级、工况及安全系数的确定。

二、地质环境条件与生态环境问题

1.自然地理条件

包括位置与交通、气象、水文、植被、土壤及主要病虫害情况。

2.治理区地质环境条件

包括地形地貌、地层岩性、地质构造、地震、矿产资源、水文地质、工程地质、人类工程活动等。

3.生态环境问题的主要特征

主要依据勘查报告内容撰写。

三、设计方案

1）设计方案原则；

2）治理目标；

3）方案设计与工程总体部署。

四、分项工程设计与工程量

1）边坡治理设计；

2）土地复垦与土石方工程设计；

3）复绿工程设计；

4）道路工程设计；

5）灌溉排水工程设计；

6）电气工程设计；

7）监测工程设计；

8）水土保持与养护工程设计。

五、工程施工组织与工期安排

六、投资概算与效益分析

七、附图与附件

1）治理工程总平面布置图（1∶500～1∶1 000）；

2）分项工程平面布置图（1∶100～1∶500）；

3）分项工程剖面图（1∶100～1∶500）；

4）重点项目、部位细部大样图（1∶50～1∶100）；

5）新工艺、新方法实施说明及大样图；

6）工程等级、工况及安全系数的确定；

7）计算剖面的确定；

8）地勘报告推荐的参数；

9）参数选取；

10）稳定性计算；

11）稳定性综合评价与预测；

12）分项工程设计计算；

13）设计值和质量验收标准（包括对植被重建在交工期和竣工期的要求）。

附　录　H

（资料性）

浙江省废弃矿山生态修复工程验收归档资料清单

表 H.1 给出了废弃矿山生态修复工程验收归档资料清单的推荐内容，仅供选择参考。

表 H.1　废弃矿山生态修复工程验收归档资料清单

编号	工程阶段	资料类型	资料名称
1	准备阶段	立项文件	项目建议书、立项申请
2			项目建议、立项批复文件
3			专家论证意见
4			项目评估文件
5			立项会议纪要及批示
6		勘查设计文件	工程地质勘查报告
7			水文地质勘查报告
8			初步设计文件
9			设计方案审查意见
10			环保等相关主管部门审查意见
11			设计计算书
12			施工图设计文件及说明书
13			施工图审查意见
14		工程招投标文件	勘查、设计、施工、监理招投标文件
15			勘查、设计、施工、监理合同
16		工程造价文件	工程投资估算（概算）资料
17			招标控制价格文件
18			合同价格文件
19		工程建设基本信息	工程概况信息表
20			建设单位工程项目负责人及现场管理人员名册
21			监理单位工程项目总监及监理人员名册
22			施工单位工程项目经理及质量管理人员名册
23	施工阶段	施工管理资料	施工现场质量管理检查记录
24			企业资质证书及相关专业人员岗位证书
25			分包单位资质报审表
26		施工安全、技术资料	图纸会审记录
27			设计变更通知单

表 H.1（续）

编号	工程阶段	资料类型	资料名称
28	施工阶段	施工安全、技术资料	工程技术文件报审表
29			施工组织设计及施工方案审批表
30			危险性较大分部、分项工程施工方案
31			人员、机械设备进出场记录,特种人员资质证书等安全资料
32			工程洽商记录(技术核定单)
33		施工物资资料	水泥、砂石、钢筋、防水材料等出厂证明文件
34			其他物资出厂合格证、质量保证书、检测报告和报关单或商检证等
35			材料、构配件进场检验记录
36			材料试验报告
37		施工测量资料	工程定位测量记录
38		施工记录	隐蔽工程验收记录
39			施工检查记录
40		施工试验记录	土工试验报告
41			回填土试验报告
42			钢筋焊接连接试验报告
43		施工质量验收文件	检验质量验收记录
44			分项工程质量验收记录
45			分部工程质量验收记录
46		施工初步验收文件	单位工程验收报验表
47			单位工程质量验收记录
48			专家组项目初步验收意见
49	竣工阶段	竣工资料	工程竣工图
50			监理单位工程质量评估报告
51			工程竣工验收报告(附治理前后照片对比)
52			工程竣工验收会议纪要
53			专家组竣工验收意见
54			工程竣工验收备案表
55			施工决算文件
56			监理决算文件
57			工程建设过程的照片、影像资料
58	监理阶段	监理管理资料	监理规划
59			监理实施细则
60			监理月报

表 H.1 （续）

编号	工程阶段	资料类型	资料名称
61	监理阶段	监理管理资料	监理会议纪要
62			监理工作总结
63			工作联系单
64			监理工程师通知
65			监理工程师通知回复单
66		进度控制资料	工程开工报审表
67			施工进度计划报审表
68		质量控制资料	质量事故报告及处理资料
69			旁站监理记录
70		工期管理资料	工程延期申请表
71			工程延期审批表
72		监理验收文件	竣工移交证书
73			监理资料移交书

附 录 I

（资料性）

浙江省废弃矿山生态修复植物物种

表I.1 给出了适宜在浙江省废弃矿山生态修复工程中栽种的植物物种，仅供选择参考。

表 I.1 浙江省废弃矿山生态修复植物物种

种类	名称	拉丁学名	习性	适宜场地	栽种技术	备注
藤本	三叶地锦	*Parthenocissus semicordata*	适应性强、喜阴湿环境、不怕强光、耐寒耐旱耐贫瘠、气候适应性广	对土壤要求不严，在阴湿环境或向阴处均能苗壮生长、肥沃的土壤中生长最佳	播种、扦插	落叶
	五叶地锦	*Parthenocissus quinquefolia*	适应性强、喜阴湿环境、不怕强光、耐寒耐旱耐贫瘠、气候适应性广	对土壤要求不严，在阴湿环境或向阴处均能苗壮生长、肥沃的土壤中生长最佳	播种、扦插	落叶
	油麻藤（常春油麻藤）	*Mucuna sempervirens*	耐阴、喜光、喜温暖湿润气候、适应性强、耐寒、耐干旱和耐瘠薄	对土壤要求不严，喜深厚、肥沃、排水良好、疏松的土壤	播种、扦插	常绿
	络石	*Trachelospermum jasminoides*	喜弱光，亦耐烈日高温。攀附墙壁、阳面及阴面均可	对土壤要求不严，一般肥力中等的轻黏土及沙质土壤，在酸性土及碱性土中均可生长、较耐干旱，但忌水湿，盆栽不宜浇水过多，保持土壤润湿即可	扦插	常绿
	薜荔	*Ficus pumila*	适应性强、耐贫瘠、抗干旱，在全光或荫蔽条件下均能健康生长	对土壤要求不严	播种、扦插	常绿
	紫藤	*Wisteria sinensis*	暖带及温带植物，对环境的适应性极强，喜光、耐阴耐寒	可以生长在贫瘠潮湿的土壤中，但土层深厚、排水较好、向阳避风的地方更适合栽培	播种	落叶

表 I.1（续）

种类	名称	拉丁学名	习性	适宜场地	栽种技术	备注
草本	高羊茅	Festuca elata	有较强抗热性，抗病性和抗寒性，耐阴耐湿又能抗旱，耐刈割，耐践踏，被践踏后再生力强	应用广泛的草坪草，耐酸碱能力强，能良好地适应pH值4.7~8.5的酸碱土壤	播种	常绿
	黑麦草	Lolium perenne	喜温暖湿润，夏季要求较凉爽的环境。抗寒，抗霜而不耐热，耐湿而不耐干旱，不耐瘠薄	在浙江省难以越夏，但可作为先锋植物进行前期护坡	播种	常绿
	结缕草	Zoysia japonica	适应性强，喜光，抗旱，耐高温，耐瘠薄抗寒，不耐阴，但在轻度遮荫的条件下也可生长	喜深厚，肥沃，排水良好的沙质土壤。在微碱性土壤中亦能正常生长，适应pH值5.5~8.5的土壤	播种	冬季枯黄
	狗牙根	Cynodon dactylon	喜光耐阴，在光照良好的开旷地上生长势旺盛，而林下长势较弱。喜温暖，当气温降低至0℃，生长受到严重影响。耐践踏，草层厚密，弹性好，再生力强	喜排水良好的肥沃土壤。侵占力较强，在肥沃厚的土壤情况下，容易与其他草种混生蔓延扩大，在微量盐滩地上亦能生长	播种、草茎繁殖	冬季枯黄
	白车轴草（白三叶）	Trifolium repens	喜温凉湿润气候，亦能耐半阴，不耐干旱，稍耐潮湿；耐热性稍差，抗寒能力较强，耐修剪，再生能力强，生长迅速，覆盖力强，抗杂草性强	对土壤要求不高，喜弱酸性土壤，不耐盐碱，pH值6~6.5时，对根瘤菌形成有利	播种	常绿、白花
	弯叶画眉草	Eragrostis curvula	耐淹性，耐寒性较强，特别耐干旱，耐土壤瘠薄。分枝旺盛，叶茎强健，根的伸展性好，能在岩石缝隙中生长。具有很强的再生能力，较耐践踏	多生长于沙质坡地，农田，路边荒地及植被受到破坏的地段，适应pH值5.0~7.0的土壤。抗盐碱性一般，抗病性强	播种	冬季枯黄
	绣球小冠花	Coronilla varia	抗寒性和越冬能力较强。有些品种在江浙能越夏，抗旱性强。喜光不耐阴，病虫害较少	对土壤要求不严，在瘠薄土壤上也能生长，以中性或微碱性土壤发育较好，有较强的抗酸碱耐碱能力，适应pH值5.0~8.2的土壤	播种	冬季枯黄
	紫苜蓿（紫花苜蓿）	Medicago sativa	喜温暖半干旱气候，耐寒力较强，抗旱力强。有的品种耐热耐寒，喜光不耐阴	对土壤要求不严	播种	常绿、紫花
	金鸡菊	Coreopsis basalis	耐寒耐旱，喜光，半耐阴，适应性强，多年生宿根植物	对土壤要求不严，在地势向阳，排水良好的沙质土壤中生长较好	播种	黄花

表 I.1（续）

种类	名称	拉丁学名	习性	适宜场地	栽种技术	备注
草本	秋英（波斯菊）	*Cosmos bipinnatus*	喜温暖和阳光充足的环境，耐干旱、忌积水，不耐寒	适宜肥沃、疏松和排水良好的土壤	播种	花色有多种
	蛇目菊	*Sanvitalia procumbens*	喜阳光充足，耐寒力较强，耐干旱瘠薄，凉爽季节生长较佳	不择土壤，肥沃土壤易徒长倒伏	播种	观花
	花菱草	*Eschscholzia californica*	耐寒力较强，喜冷凉干燥气候，不耐湿热，常秋后再萌发	宜疏松、肥沃、排水良好、上层深厚的沙质土壤，也耐瘠土	播种	观花
	诸葛菜（二月兰）	*Orychophragmus violaceus*	具有较强的耐寒性，耐阴性	对土壤要求不严，酸性土和碱性土均可生长，但在疏松、肥沃、土层深厚的地块根系发达	播种	观花
	百喜草	*Paspalum notatum*	根系发达，耐热，耐旱，稍耐阴，抗病虫害能力强	对土壤要求不严，在肥力较低、较干旱的沙质土壤上生长能力仍很强	播种	冬季枯黄
	香根草	*Vetiveria zizanioides*	气候适应性广，光合能力强。如果光照不足，生长受到明显影响。旱生植物，但受到季节性的水淹仍能存活，耐瘠薄	根系极发达，固土能力强，可栽培于山坡，喜生水湿溪旁和疏松黏壤土上	育苗移栽	冬季枯黄
灌木	迎春花	*Jasminum nudiflorum*	喜光，稍耐阴，抗寒力强，浅根性，萌蘖力强	不择土壤，以排水良好的中性沙质土壤最宜	移栽	半常绿，观花
	紫穗槐	*Amorpha fruticosa*	喜光，喜湿，耐干旱、耐修剪，耐瘠薄、耐碱性土，耐寒，耐阴，是抗性较强的植物	对土壤要求不严	播种	落叶，观花
	紫叶小檗	*Berberis thunbergii*	喜温暖湿润和阳光充足的环境。耐寒，耐干旱，不耐水涝，稍耐阴，萌芽力强，耐修剪	以肥沃、疏松和排水良好的土壤为宜	移栽	落叶
	小叶女贞	*Ligustrum quihoui*	喜光照，稍耐阴，较耐寒，性强健，耐修剪，萌蘖力强	对土壤要求不严，松散、透气、肥沃的土质为佳	播种、移栽	常绿
	连翘	*Forsythia suspensa*	喜温暖湿润和阳光充足又耐半阴，略耐阴，怕积水，萌发力、萌芽力强，耐修剪	以肥沃、疏松的钙质土壤为宜，根系发达，耐瘠薄	移栽	落叶，观花
	大叶黄杨	*Buxus megistophylla*	喜温暖湿润和阳光充足的环境，适应性强，耐寒、耐阴、耐干旱、瘠薄半阴，极耐修剪整形	以肥沃、疏松的沙质土壤为宜	移栽	常绿

表 I.1（续）

种类	名称	拉丁学名	习性	适宜场地	栽种技术	备注
灌木	夹竹桃	Nerium oleander	性喜阳光,好温暖湿润气候,不耐水湿和寒冷。根部发达,能深入土层,耐旱力强,适应性强	立地要求不高,肥瘠干湿均宜,容易栽培管理	移栽	常绿、观花
	马棘	Indigofera pseudotinctoria	喜光,耐干旱瘠薄土壤。耐水湿	对土壤要求不高,可以生长于沙土、黏土,排水效果好,临近水源的肥沃土地为佳	播种	半常绿、观花
	伞房决明	Senna corymbosa	喜光,耐寒,耐干旱瘠薄,忌水涝,耐修剪,生长快,适应性强	对土壤要求不严	播种、扦插	半常绿、观花
	锦鸡儿	Caragana sinica	性喜温暖和阳光照射,能耐寒冷、耐干旱、耐贫瘠,忌水涝	微酸性或中性土壤中生长最好	播种	落叶
	木槿	Hibiscus syriacus	对环境的适应性很强,较耐干燥和贫瘠。稍耐阴,喜温暖、湿润气候,耐热又耐寒	对土壤要求不严,在重黏土中也能生长	移栽	落叶
	野蔷薇	Rosa multiflora	喜光,亦耐半阴,较耐寒。耐干旱,耐瘠薄,不耐水湿,忌积水	对土壤要求不严,但栽植在土层深厚、疏松、肥沃、湿润而又排水通畅的土壤中则生长更好,也可在黏重土壤上生长	播种、扦插	落叶、观花
	野迎春（云南黄馨）	Jasminum mesnyi	喜光,稍耐阴。喜温暖,略耐寒。耐干旱,耐瘠薄	对土壤的要求不严,但在土层深厚、肥沃、排水良好的土壤中生长良好	移栽	半常绿、观花
	金樱子	Rosa laevigata	喜温暖湿润气候和阳光充足的环境	对土壤要求不严,以土层深厚、较干旱和瘠薄土壤上生长,中性和微酸性土壤上生长最好	播种、扦插	落叶、观花
	海桐	Pittosporum tobira	对气候的适应性较强,能耐寒冷,亦颇耐暑热	喜肥沃、湿润的土壤,耐轻微盐碱	播种、移栽	常绿
	红叶石楠	Photinia × fraseri	喜温暖湿润,耐干旱,耐瘠薄,适应性广	对土壤要求不严,喜排水良好的肥沃土壤	移栽	常绿、观花
	石楠	Photinia serratifolia	喜光,稍耐阴	对土壤要求不严,喜排水良好的肥沃土壤	移栽	常绿、观花
	多花木蓝	Indigofera amblyantha	抗旱,耐寒,耐瘠薄	对土壤要求不严,耐贫瘠,在 pH 值 4.5～7.0 的黄壤、紫红壤上均生长良好	播种	常绿、观花

表 I.1（续）

种类	名称	拉丁学名	习性	适宜场地	栽种技术	备注
灌木	银合欢	*Leucaena leucocephala*	喜温暖湿润气候，具有很强的抗旱能力。不耐寒，不耐淹，低洼处生长不良	以中性至微碱性土壤最宜，在酸性红壤土上仍能生长，适应 pH 值在 5.0～8.0。石山的岩石缝隙只要潮湿也能生长	播种	落叶，浙南可用
	荆条	*Vitex negundo var. heterophylla*	抗旱耐寒，喜光耐阴，在阳坡灌丛中多占优势，生长良好，更新亦佳，密林上都能生长	对土壤要求不严，在黄绵土、石质土、石灰岩山地的钙质土以及山地棕壤上都能生长	播种	落叶
	美丽胡枝子	*Lespedeza thunbergii subsp. formosa*	适应性较广，耐旱，耐高温，耐酸性土，耐土壤贫瘠，也较耐阴	根系有根瘤，耐土壤贫瘠。在土层薄而贫瘠的山坡，砾石的缝隙中能正常生长发育。适生于偏酸性土壤环境，生长区土壤的有机质含量较高	播种	落叶，观花
	火棘	*Pyracantha fortuneana*	喜强光，耐贫瘠，抗干旱，耐寒	对土壤要求不严，而以排水良好、湿润、疏松的中性或微酸性土壤为好	播种，移栽	常绿，观果
	樟	*Cinnamomum camphora*	喜光，稍耐阴；喜温暖湿润气候，耐寒性不强	适生于深厚、肥沃的酸性或中性沙质土壤	播种，移栽	常绿
	侧柏	*Platycladus orientalis*	喜光，幼时稍耐阴，适应性强，耐干旱瘠薄，萌芽能力强，耐寒力中等，耐强太阳光照射，耐高温	对土壤要求不严，在酸性、中性、石灰性和轻盐碱土壤中均可生长	播种，移栽	常绿
乔木	刺槐	*Robinia pseudoacacia*	对水分条件很敏感，在地下水位过高，水分过多的地方生长缓慢，易诱发病害，造成植株烂根，枯梢甚至死亡。有一定的抗旱能力。喜光，不耐阴	喜土层深厚、肥沃、疏松、湿润的土壤，在中性土、酸性土、含盐量在 0.3% 以下的盐碱性土上都可以正常生长，在积水、通气不良的黏土上生长不良，甚至死亡	播种	落叶
	木麻黄	*Casuarina equisetifolia*	耐干旱，抗风固沙，抗沙埋和耐盐碱能力较强	在离海较远的酸性土壤上亦能生长良好，尤其在土层深厚、疏松、肥沃的冲积土上生长更为繁茂	移栽	常绿
	无患子	*Sapindus saponaria*	喜光，稍耐阴，耐寒能力较强	对土壤要求不严，深根性，抗风力强。耐水湿，能耐干旱	移栽	落叶

表 I.1（续）

种类	名称	拉丁学名	习性	适宜场地	栽种技术	备注
	盐肤木	Rhus chinensis	喜光,喜温暖湿润气候。适应性强,耐寒	对土壤要求不严,在酸性、中性及石灰性土壤乃至干旱瘠薄的土壤上均能生长	播种	落叶
	臭椿	Ailanthus altissima	喜光,不耐阴。耐寒、耐旱、不耐水湿、长期积水会烂根死亡	适应性强,除黏土外,在各种土壤和中性、酸性及石灰质土都能生长,适生于深厚、肥沃、湿润的土壤。适应 pH 值 5.5～8.2 的土壤	播种	落叶
	全缘冬青	Ilex integra	具有较强的耐盐碱性,耐旱和抗风能力	常生长在海边岩缝中或海边山坡山谷等土壤瘠薄、受海雾海风影响大以及干旱等恶劣的环境条件下	播种、移栽	常绿,海边可用
	女贞	Ligustrum lucidum	耐寒性好,耐水湿,喜温暖湿润气候,喜光耐阴。为深根性树种,须根发达,生长快,萌芽力强,耐修剪,但不耐瘠薄	对土壤要求不严,以沙质土壤或黏质土壤栽培为宜,在红壤、黄壤中也能生长	移栽	常绿
乔木	乌桕	Triadica sebifera	喜光树种,对光照、温度均有一定的要求,在年平均气温 15℃以上,年降水量在 750 mm 以上地区可栽植	能耐间歇或短期水淹,对土壤适应性较强,在红壤、紫色土、黄壤、棕壤及冲积土均能生长,对中性、微酸性和钙质土都能适应,在含盐量为 0.3% 以下的盐碱土中也能生长良好	播种、移栽	落叶,彩叶树种
	木荷	Schima superba	喜光,幼树耐阴,深根性,生长速度中等	对土壤的适应性强,能耐干旱瘠薄土地,在酸性土如红壤、红黄壤、黄壤上均可生长,但在深厚、肥沃的酸性沙质土壤上生长最快	播种、移栽	常绿,观花
	枫香树	Liquidambar formosana	喜光,幼树稍耐阴,耐干旱瘠薄土壤,喜温暖湿润气候,不耐水涝	在湿润、肥沃而深厚的红黄壤上生长良好	播种、移栽	落叶,彩叶树种
	青冈	Cyclobalanopsis glauca	幼树稍耐阴,大树喜光,为中性喜光树种。幼年生长较慢,5 年后生长加快,萌芽力强,耐修剪,深根性,可防风、防火	适应性强,对土壤要求不严,喜生于微碱性或中性的石灰岩土壤中	播种、移栽	常绿

附 录 J
（资料性）

浙江省废弃矿山生态修复植被重建工艺方法

表J.1给出了废弃矿山生态修复植被重建工艺方法，仅供选择参考。

表J.1 浙江省废弃矿山生态修复植被重建工艺方法

植被重建工艺方法	施工技术要点	边坡类型	优缺点
铺草皮法	按一定大小规格铺植于需复绿的坡面	缓坡、土质及强风化边坡	1.成坪时间短，能实现快速绿化；2.护坡功能见效快；3.施工季节限制少；4.在陡峭岩面难以施工，需实现平整场地，清理坡面浮石；5.物种落演替，不利于群落演替。6.前期管理难度大
香根草篱法	在坡面上按一定间距大致沿等高线密植香根草带	缓坡、土质边坡	1.抗逆性强，适应性广；2.生长迅速，根系发达，固土力强；3.不需机器，种植简单，经济合理；4.不会污染环境；5.适于土质坡面、硬质岩面上难以种植；6.冬季枯黄，需剪火灭，以防火灾
土工格构法	在展开并固定在坡面上的土工格构内填充改良客土，然后在格构上挂或不挂网，进行绿化	缓坡、岩质边坡	1.植生基础稳定；2.生存环境好；3.坡面排水性好；4.工艺复杂，成本较高
浆砌片石骨架植草法	用浆砌片石或钢筋混凝土在坡面上固定形成框格，综合其他方法进行绿化	坡面、土质及强风化边坡	1.具备一定的深层稳定性；2.保水性能好；3.施工期较长，不利于机械化，成本较高
植生带法	采用专用设备将草种、肥料、保水剂等定植在纤维材料上，形成一定规格的夹层带状产品，施工时覆于需复绿化的坡面	土质边坡或人工回填处	1.精确定量，性能稳定；2.出苗齐，成坪快；3.纤维等材料大多自然降解，腐烂后转化为基质层或肥料；4.不需机器，施工操作简便，也可与液压喷播、客土吹附、厚层基材配合使用；5.成本有高有低；6.陡坡岩面不适单独施用
植生袋法	将预先配好的土、有机基质、种子、肥料等装入网袋中，使用时沿坡面水平方向开沟，将植生袋吸足水后摆放在沟内	陡坎、马道（平台）、坡面凹陷处	1.基质不易流失，可以堆垒成任何贴合坡体的形状，施工简易；2.适合使用在垂直或接近垂直的岩面或硬质地块，还可作山体水平线与排水沟；3.大面积使用，造价很高，植物尽快实现绿化效果慢，需要配套草种喷播技术，才能尽快实现绿化效果

表 J.1（续）

植被重建工艺方法	施工技术要点	边坡类型	优缺点
三维植被网法	采用特制的固土网垫置于坡面，覆盖土形成人造土壤层，喷播草（树）种，形成植被	坡面，土质及强风化边坡或人工回填处	1.固土性能优良；2.稳定边坡；3.保湿；4.施工质量控制及苗期管理难度大
种子喷播法	将草种、木纤维、保水剂、黏合剂、肥料、染色剂等与水的混合物通过专用喷播机喷射（喷洒）到预定区域的快速绿化法	坡面，土质边坡或人工回填处	1.机械化程度高；2.施工效率高，成本低；3.成坪快，覆盖度大；4.基层层薄，适宜在有"土"的坡面上应用，不适宜单独在岩质边坡上应用
客土喷播法	将保水剂、黏合剂、抗蒸腾剂、团粒剂、植物纤维、泥炭土、腐殖土、缓释复合肥等材料制成客土，经专用机械搅拌后吹附到坡面上，形成一定厚度的客土层，然后用草种和木纤维、保水剂、缓释营养液经过喷播机搅拌后喷附到坡面客土层中	陡坡，各类边坡	1.能产生比液压喷播更厚的基质层；2.适用于坡角50°以下的岩质边坡；3.施工效率高，绿化效果好
喷混植生法	利用客土掺混黏合剂和锚杆加固铁丝网技术，运用特制喷混机械将土壤、肥料、有机物质、保水剂、黏结材料、植物种子等混合干料加水后喷射到岩面上，形成近10 cm厚度的具有连续空隙的硬化体	陡坡、各类边坡，多用于岩质边坡	1.稳定性好；2.适用范围大，可用于几近垂直的高陡硬岩坡面绿化；3.对植物根际环境可能有一定的不良作用
厚层基材法	利用空气动力学原理在金属或塑料网上喷附由客土、泥炭土、木纤维、保水剂、黏合剂、肥料等混合物组成的厚层基质材料进行绿化的机械施工法	陡坡，各类边坡	1.能在几近垂直的高陡硬岩坡面上应用创造的基质层；2.植物根际生长环境可能优于客土喷混植生法；3.施工效率低于客土喷播法；4.施工成本大于客土喷播法
栽植木本植物法	栽植灌木、乔木等，并与其他方法结合形成	马道、植生槽、飘台、鱼鳞坑、坡脚、土质平台、缓坡	1.具备遮挡作用，能较快增加绿量；2.施工简单；3.适用于边坡中局部平缓且基质层厚的区域；4.栽植苗的根系不如播种（实生苗）发达；5.抗风能力差
藤蔓植物攀爬法	栽植攀缘性和垂直吊挂性植物，以遮蔽硬质岩陡坡坡面进行绿化	陡坡，各类边坡	1.简单，成本低；2.适用坡率大；3.时间长，攀爬高度和速度有限，多与其他方法结合适用
地境再造法	岩壁打孔、挖坑、槽，充填植物生长所需的土壤基质，对高陡岩壁进行改造，塑造植物生长所需的地境条件，将适宜植物移栽到改造后的高陡岩壁上，使其存活于高陡岩壁，并由前期的人为补给转变为从周边环境汲取水分和养分，最终回归自然，实现高陡岩壁的长久复绿	陡坡、裂隙发育的石灰岩岩壁	1.植物存活后与周边环境融为一体，修复效果明显；2.后期利用周边环境的水分、养分，不需要人工养护；3.高陡岩壁施工难度较大，工期较长

参 考 文 献

［1］ 浙江省露天开采矿山自然生态环境治理工程施工质量验收管理办法(试行)(浙土资发〔2004〕41号)

［2］ 矿山地质环境保护与土地复垦方案编制指南(2016年12月版)(国土资规〔2016〕21号)

［3］ 浙江省露天开采矿山生态环境治理工程技术指南